怎样
有效学习

创造一流学习体验

〔美〕朱莉·德克森（Julie Dirksen） 著

闫佳 译

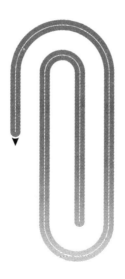

Design for How People Learn

（Second Edition）

中国人民大学出版社
·北京·

图书在版编目（CIP）数据

怎样有效学习：创造一流学习体验／（美）朱莉·
德克森（Julie Dirksen）著；闫佳译. --北京：中国
人民大学出版社，2022. 1
ISBN 978-7-300-29556-5

Ⅰ.①怎…　Ⅱ.①朱…　②闫…　Ⅲ.①认知心理学
Ⅳ.①B842.1

中国版本图书馆 CIP 数据核字（2021）第 170817 号

怎样有效学习

创造一流学习体验

［美］朱莉·德克森（Julie Dirksen）著

闫佳　译

Zenyang Youxiao Xuexi

出版发行	中国人民大学出版社	
社　　址	北京中关村大街 31 号	**邮政编码**　100080
电　　话	010－62511242（总编室）	010－62511770（质管部）
	010－82501766（邮购部）	010－62514148（门市部）
	010－62515195（发行公司）	010－62515275（盗版举报）
网　　址	http://www.crup.com.cn	
经　　销	新华书店	
印　　刷	德富泰（唐山）印务有限公司	
开　　本	890 mm×1240 mm　1/32	**版　次**　2022 年 1 月第 1 版
印　　张	10　插页 2	**印　次**　2023 年 12 月第 2 次印刷
字　　数	265 000	**定　价**　79.00 元

回想一下，你曾经历过的最棒的学习体验是怎样的呢？我问过很多人这个问题，答案各式各样。有时候，答案是"自己对于所学的东西真的充满激情"，但最常见的答案是"我有过一个很棒的老师……"。

没人说"我看过一本超棒的教科书"，或是"我浏览过一份超精彩的 PowerPoint 幻灯片"！

　　这表明：**最棒的学习体验，基本上和所学的内容无关，而与学习的方式有关。**事实上，对于同一门课，用不同的方式学习，会有截然不同的体验。

　　那么，体验为什么如此不同呢？如果教课的是两位不同的老师，那么体验的部分差异可能来自老师的个人魅力，但这往往并非唯一的不同。要知道，电子学习课程里根本没有老师。真正优秀的电子学习课程，同上网阅读教科书有什么区别呢？

　　更重要的问题是：有效的学习体验，和学完就全忘的学习体验有什么区别呢？如果学完后不曾做些什么，那么，哪怕是"超棒"的课堂也没什么用处。

　　在我看来，好的学习目标是从学习体验中获得新的能力，或提高原有的能力。接着，把新学到的能力带回现实世界，帮助自己完成需要做或想做的事情。如果你正走在从新手到专家的道路上，那么，你怎样走过这段学习之旅呢？

本书介绍了创造一流学习体验的秘密：

第一章　从寻找差距开始

如果学习是一段旅程，那么，学习者现在所处的地方和要前往的地方之间的差距是什么？有时候，这一差距体现在知识和信息上，但也可能体现在技能、动机、习惯或环境上。

第二章　了解学习者

学习者的认知水平和看待世界的方式不同。为了创造一流的学习体验，需要了解学习者。

第三章　清晰定义目标

最好的学习体验，是在刚踏上学习之旅时就知道目的地在哪里。因此要学会清晰定义目标。

第四章　怎样有效记忆

了解大脑是怎样运转，从而编码（保存）信息并检索信息的。

第五章　吸引注意力

学习克服走神分心的策略，让学习者集中注意力。

第六章　传授知识

明白知识和信息如何才能更好地被记住和理解，让知识的学习更高效。

第七章　掌握技能

技能的获得需要有效练习。

第八章　增强动机

如果学习者说"我知道，但……"，那么，此时的差距大概不是知识差距，而是动机差距。学习一些策略，增强学习者运用所学的动机。

第九章　形成习惯

有时，差距不是体现在知识、技能、动机上，而是体现在习惯上。

第十章　非正式学习

在什么时候，学习者需要的并不是正式学习呢？了解正式学习和非正式学习这两种不同的学习途径。

第十一章   改善环境

有时候，改变环境就能弥补知识或技能差距。

第十二章   评估学习效果

怎么知道学习设计是否发挥作用了？因此要了解评估学习效果的策略。

目录

第一章

从寻找差距开始

学习体验就像旅程，终点不仅在于懂得，更在于运用。

什么是学习之旅

下列陈述，哪些成立，哪些不成立？

- 如果你告诉人们吸烟有害，他们就会戒烟。
- 如果有人读了一本与管理相关的书，他就会变成优秀的管理者。
- 如果有人学习了一门很棒的网页设计课，他就会成为优秀的网页设计师。
- 如果教导人们用正确的方法做事，他们就不会用错误的方法来做。

你认为这些说法中有哪条是真正站得住脚的？不，你当然不会这么想，因为有太多复杂的因素影响着人们能否在某件事上获得成功。

学习就像旅程。

旅程从学习者现在所处的地方开始，到学习者成功的时候结束。这里的成功，由你定义。旅程的终点不仅仅在于懂得，更在于运用。

那么，旅程包括些什么呢？人们要想获得成功，除了懂得更多，还需要什么？

差距在哪里

学习者的现状和成功所需达到的水平之间存在着差距。这些差距的一部分，可能源自知识。但一如我们前文所说，还有其他。

如果能识别出这些差距，就能设计出更好的学习体验。

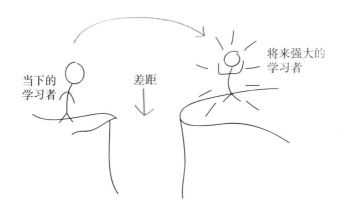

请看以下情况。每个场景里的差距有可能是什么？

- 场景一：艾莉森是一家网页设计公司的项目经理，她刚答应在一所设计学院执教本科生项目管理课程。她的学生大多是创意设计专业的大二学生，十八九岁。他们选择这门课的主要原因是：这是拿到学位证书的必修课。
- 场景二：马库斯在为期两天的数据库设计研讨班上教授一种新的数据库设计。这是他第二次在该研讨班当老师，由于第一次的课程太过基础，他这次打算修改教学内容。
- 场景三：金姆正在为一家大型跨国公司设计一套电子学习系列课程。因为这家公司最近刚与一家较小的公司合并，两家公司买了一套全新的采购系统来代替此前的旧系统，小公司的员工需要向大公司学习采购流程。

在上面的每一个场景中，学习者在学习前和学习后，应该有什么不同呢？也就是说，学习前后，他们在具体实践上会有些什么不同呢？

在艾莉森的例子中，学习前和学习后的差距有可能只是知识和信息差距：学习者在课前对项目管理一无所知，学完后有了更多的了解。但要成为称职并能完全胜任的项目经理，仅仅掌握大量的项目管

理知识就够了吗？优秀的项目管理并不仅仅要了解知识和信息。当然，这不仅限于艾莉森的教学。让我们来仔细看看知识和信息差距，接着再说说还存在哪些类型的学习差距。

知识和信息差距

知识和信息是学习者为了执行某事所需的装备。拥有知识和信息本身并不能实现任何事情。只有学习者使用这些知识和信息去实践，它们才能发挥作用。

首先，学习者在旅程中要拥有恰当的装备（知识和信息）：

其次，学习者要知道怎样利用这些装备（知识和信息）。

拥有知识和信息，却不知道怎样使用及何时使用，就像拥有一顶很棒的帐篷却不知道怎样把它支起来，或是花了很多钱买回一台高档相机，但不懂摄影技术，因此拍照时仍然无法准确对焦。

如果学习者缺少的仅仅是知识和信息，那么，它们的获取实际上很容易。尤其是生活在这个信息时代，便捷、便宜的知识和信息获取方式真的太多了。

信息时代的另一个好处在于，学习者不一定需要在整个旅程中都随身携带所有的知识和信息。如果在学习过程中少记忆一些不那么重要的知识和信息，那么，学习者从一开始就可以专注于真正需要全程留心的、更为关键的知识和信息。至于其余的知识和信息，老师可以想一想，怎样帮学习者做好代为存储的工作，让他们在需要时能轻松提取。如果在真正需要的时候得到知识和信息，学习者会更加感激。

在后面的章节中，我们将更详细地介绍为学习者提供信息的不同方式。

真的是知识和信息差距吗

人们有一种普遍的倾向，认为所谓的学习差距无非体现在知识和信息上。但学习者掌握了知识和信息，未必能做得更好。

我最近与一位客户合作开展一个项目——教销售人员怎样为潜在客户创建产品提案。销售人员需要有能力做到：

- 选择最能满足客户需求的产品；
- 为客户量身定制产品。

我们要着手修改一套原有的课程，这套课程的内容是：用 4 张幻灯片简单地列出产品的各个特性。

如果你在学习这样的课程，你认为下面的等式成立吗？

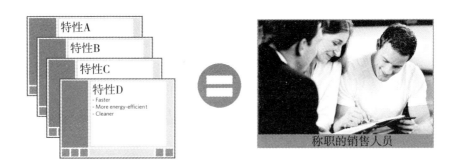

不，当然不成立。哪怕学习者记住了每一张幻灯片上的具体信息，也并不意味着他们能够很好地运用。当然，毫无疑问，向学习者提供正确的信息始终是很关键的环节。

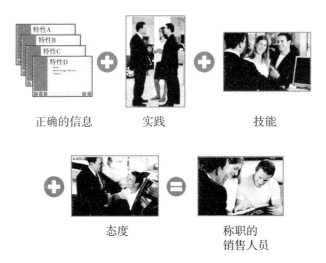

正确的信息　　　实践　　　技能

态度　　　称职的
　　　　　销售人员

技能差距

假设我已经确定了旅程的起点和终点，做好了规划，绘制好了线路图，置办了一路上需要的所有装备，那么，我现在准备好徒步穿越长达三千多公里的阿巴拉契亚山脉了吗？

恐怕还没有。

眼下，我只能进行为时半天的休闲徒步旅行。任何强度高于这个水平的事情，都在我的能力范围之外。那么，我还需要做什么样的准备来完成阿巴拉契亚山脉穿越之旅呢？更多的装备会有帮助吗？更多的路线规划呢？

它们都派不上什么大用场。唯一能让我为一场持续多日的重装徒步旅行做好准备的事情，就是大量的徒步旅行。哪怕只是一个更小的目标，也需要逐步地实践和适应。

把时间花在椭圆机或爬楼梯机等训练设备上，兴许有助于实现重装徒步的目标。但搞定一次专业级别的徒步旅行，需要先实践大量强度略低的徒步旅行。就算我坐下来背完了一整本阿巴拉契亚徒步旅行指南，倘若缺乏必要的适应和技能，贸然踏上这样的旅程也绝不是什么好主意。

各种学科的学习者都经常遇到这种情况：通过书本或课堂能获得知识，但没有机会实践和改善技能。

技能与知识

技能与知识是不同的概念。要判断某件事缺少的是技能还是知识，你只需问一个问题：

说某人无须练习实践就能臻于娴熟，这可能吗？

如果答案是否定的，那么，你就知道你要掌握的是一项技能，学习者需要依靠练习来提高熟练程度。

这里有一款名叫"这是不是技能"的小游戏，可以帮助你进行规划：

行为	是不是技能？	
在微软 word 中保存文件	是	否
打排球	是	否
进行绩效审核	是	否
填写日程表	是	否
安抚生气的顾客	是	否
创建数据库	是	否
设计一本小册子	是	否
泡方便面	是	否
解决供货订单缺失的问题	是	否
为网站编写购物车小程序	是	否

依我之见，保存 word 文件、填写日程表和泡方便面算不上真正的技能（虽然在最后一项上，你兴许能说服我）。不过，我相信，这份清单上的其他事情都需要练习和实践才能做好。其中有些技能更为复杂，需要判断力和根据环境随机应变的能力。

一如你永远不会期待一个人第一次徒步旅行就去横穿阿巴拉契亚山脉，学习者也不可能未经练习就掌握一项新技能。所以必须把练习环节设计到学习旅程中。

动机差距

如果有人知道该做什么，但选择不做，这就是动机差距。导致动机差距的原因有很多：

有时候，当事人并不真正相信目的地的设置是合理的。

有时候，目的地真的设置得不合理。

有时候，是因为人们焦虑或担心变化。

有时候，是因为人们分心了或者目的不明确。

有时候，是因为人们就是不愿努力。

有时候，人们失败是因为缺乏足够的宏观视角来引导自己成功。

最近，我和一位同事讨论了有关学习动机的问题。她认为，学习者得靠自己发掘动机，这不在学习设计者的控制范围之内。

我的同事说得很对。虽然不能强迫学习者产生动力，但从学习设计的角度看，可以想办法为学习者提供学习动力上的支持。设计决策会影响人们的行为。

例如，一项研究（Song，2009）中，人们被派发任务清单。下面两份清单的唯一区别就是使用了不同的字体，有一种字体更难以辨认。这项研究要参与者评估自己即将执行的任务的难度。如果参与者看到的是用更容易辨识的字体打印的任务清单，会认为任务更容易完成。如果参与者拿到的是用不容易辨识的字体打印的任务清单，会认为任务更难以完成。

仰面躺下，屈膝，脚置于地面。 胳膊交叉于胸前，或是交扣在脑后。 朝胸口收紧下巴。 绷紧腹部肌肉，做卷腹运动。

仰面躺下，屈膝，脚置于地面。 胳膊交叉于胸前，或是交扣在脑后。 朝胸口收紧下巴。 绷紧腹部肌肉，做卷腹运动。

许多微妙的方式都能影响学习者的动机，上面仅仅是一个例子。不过，矛盾的是，一些研究表明，阅读用难以辨认的字体书写的内容，可能更容易记住。

在进行学习设计的过程中，可能要做出很多个会影响学习者的动机的决定。例如，在学习内容的设置中，是否详述了所有可能出错的事情？这或许是一个帮助学习者提前排除障碍的好方法，但也有可能会让他们一开始就觉得，不需要为试错再付出努力。

舍弃所习：特殊的动机差距

在学习之旅中，有一件事或许需要考虑到：新的学习是否要求学习者用新的方式去做一些熟悉的事情。如果在新的学习中，学习者必须改变之前的做事方式，那么会很容易在旧习惯上栽跟头。如果某些事原本能够自动完成，那么在学习时，学习者不得不有意识地努力不去做这些事。这个过程叫作"舍弃所习"。相较于仅仅是有意识地尝试做新的事情，舍弃所习要困难得多，而且还会让人暴躁不安（这一点不可小视）。

当老虎伍兹改变高尔夫的挥杆方式后，他在比赛中有一阵子表现不佳，直到他的技术再次精进。对运动选手来说，这是一个相当困难的过程，因为它不只需要掌握新的技术，还需要忘掉原来的技术。

随着我们的某项技能变得娴熟，与熟练完成这件事的相关记忆就会在我们的大脑中一气呵成地放映出来。我们会越发高效地访问和使用知识和信息，执行与该任务相关的程序。这是学习的重要一环。没有这一环，第1 000次骑自行车就会变得和第一次骑它同样困难，同样令人精疲力竭。

一气呵成的过程，是对学习的天然奖赏，却为舍弃所习带来了困难。如果学习者必须改变或更替现有做法，那么就必须面对以下事实：学习者已经积累了动量，它们以相当快的步调朝着一个特定的方向前进，这个过程的许多环节都是自动执行的。

> 自动化流程：如果你能自动地做某件事，就意味着你将该任务的控制权下放到了不需要有太多意识关注的大脑区域。

执行一项新任务，需要调动大量的大脑资源。举个例子，你第一次学习骑自行车的时候，需要把大量注意力有意识地放在"保持平稳"这项任务上。

等你骑得熟练了，就不需要时刻有意识地想着"要翻车了！天啦天啦，我该怎么办？怎么办？"相反，你的身体无须思考就会自动调整向左还是向右，你甚至可以专注地思考其他事情。比如，"咦？上一回我骑过这条路时，那截木头根本不在那儿！"

这对学习有着重要的意义。

让我们回到本章开头金姆的例子上。

场景：学习新流程

金姆正在为一家大型跨国公司设计一套电子学习系列课程。这家公司最近刚与一家较小的公司合并，两家公司买了一套全新的采购系统来代替此前的旧系统，小公司的员工还需要向大公司学习采购流程。

你认为，在学习新系统时，谁会面临更大的挑战？是习惯了现有流程的团队，还是学习新流程的团队？

——先想一想你的答案会是什么，再继续往下读——

虽说两家公司都可能苦苦纠结于新的计算机系统，但小公司的员工还面临一项额外的挑战，即学习一套新流程，代替原本已经习惯的旧流程。

旧的信息和流程妨碍了新的信息和流程。你是否注意过，一个人学说第二语言时，在句子的用词顺序上会有点奇怪？这叫作 L1 干扰：第一语言的知识，干扰了学说第二语言的能力。

如果新的学习要求学习者改变一种现有做法，那么可能需要注意以下问题：

首先，改变需要一个过程，而非一蹴而就的。绝对不能指望某个人因为获得了对新实践的解释说明就做出改变。学习者需要时间重复练习，忘记旧习惯，培养新习惯。

其次，退步和暴躁是这个过程的一部分。它们并不意味着改变失败了，尽管这种情况也有可能出现。但哪怕是成功的改变，往往也躲不开它们。

习惯差距

有时候，人们拥有了知识、技能和动力，但差距仍然存在。例如，一位新任管理者看到了给予良好反馈的重要性，便学习了一种给予反馈的方法。同时，他还真正相信这是一件很重要的事情。但即便如此，他在实践中也很难这样给予反馈，因为他没有形成习惯。

对于大多数人来说，一天中有很大一部分时间都在习惯的驱使下度过。早上起床的时候，这一天的前半个小时兴许完全是依靠惯性自动运转的：把狗放出来，煮咖啡，刷牙，等等。

作为一种学习差距，习惯形成的难点在于，大多数传统的学习方法最多只能产生好坏参半的结果。下面这些话，你说过吗？

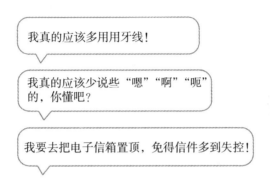

我真的应该多用用牙线！

我真的应该少说些"嗯""啊""呃"的，你懂吧？

我要去把电子信箱置顶，免得信件多到失控！

如果你曾有过这样的经历，你就知道，它们都属于"说起来容易做起来难"的一类事——和大多数习惯一样，不管它们是需要习得的新习惯，还是需要改掉的旧习惯。因此，形成习惯需要一种不同的学习方法，我们将在后面的章节中具体介绍。

环境差距

如果学习者有了正确的方向，准备充分，状态良好，并且非常渴望去学习，那么现在什么也阻止不了他们了，对吧？

可有时候，道路本身不是为了让人们成功而铺就的：

"你是什么意思？我没有政府的许可证，不能走这条路线？"

在组织中，环境差距有可能以不同的形式出现。例如，如果希望某人改变一种行为，相关的流程是否支持呢？

"我们正打算尝试一种新的护理方法，它以患者为中心。"

"太棒了！开始之前，请填写这里的25张表。"

等学习者返回工作环境时，周围有素材、参考资料和工作辅助工具来支持他们吗？

"还有人记得下一步是什么吗？我知道他们培训时说过，但我不记得是什么了。"

在素材、资源、技术等方面，他们拥有所需的一切吗？

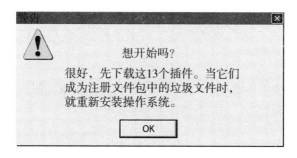

人们会受到激励去实现改变吗？实现之后会获得奖励吗？

"你的绩效下降了，古斯塔夫森。"

"我们给你付薪水，可不是为了让销售量下降的。"

"我正在尝试使用我们一直在说的咨询式销售模型。用它构建关系很棒，但这是一个比较缓慢的过程。"

改变会随着时间的推移得到巩固吗？

"三个月之前我们开过每周进度会，在会上已经梳理了该怎样做。你说他们还是做不对，这是怎么回事？"

沟通差距

有时候，执行失败不是因为缺乏知识，而是因为方向或指示糟糕。

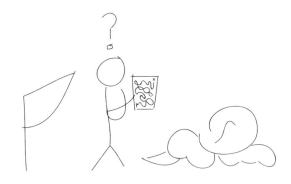

这并非真正的学习差距，而是错误沟通的常见现象。它发生的理由多种多样。有时候，指路的人并不是真的知道人们应该往哪个方向走，走多久，也就是说他们没有明确的目标。

也有时候，指路的人知道人们应该怎么走，但无法准确地传达相关信息。

还有时候，指路的人表面上指引了方向，但要么不提供任何支持，要么别有所图。

　　举个例子，假设艾莉森的一名学生正利用自己掌握的项目管理新技能为叔叔搭建网站，但项目开展几个星期后，进展得并不顺利：网站进度落后，做图片的人无法完工，展示栏的设计一团糟。

　　这说明艾莉森的学生并没有真正学到所需的项目管理知识吗？或者说虽然他在课堂上学到了一些东西，但他犯了新手错误？

　　还有可能是，这位叔叔是个可怕的客户，没有预先说明自己要出国一个星期。他频频改变主意，在项目伊始召开的筹备会议上根本就没说过网站需要展示栏。原因说不定就在这儿。

　　那么，这里面有多少是学习问题呢？一件都不是。只不过，沟通问题有时会伪装成学习问题。

"我们需要改善客户服务水平的培训。

客户满意度调查快把我们逼疯了。"

"但调查表说，客户真正不满意的地方是，他们要等10分钟才有人接听电话，接着又会陷入自动应答系统的死循环里。

呃……客户服务培训没法补救这些方面……"

　　碰到这些情况，最多也就是把问题记录在案，处理好内部矛盾。如有可能，尽量别伤害到学习者。

识别并弥补差距

　　因此，在规划路线的时候，要问问自己，学习之旅应该是什么样的。

知识和信息差距

· 为获得成功，需要什么样的信息？

· 在这一路上，什么时候需要信息？

· 信息使用什么样的格式呈现，能提供最佳支持？

技能差距

· 需要练习些什么，才能达到所需的熟练程度？

· 练习机会在哪里？

动机差距

· 对改变持有什么样的态度？

· 会抵制路线的变更吗？

习惯差距

· 有没有必须养成的行为习惯？

· 是否有一些需要改掉的习惯？

环境差距

· 环境中有什么东西妨碍了成功？

· 为了获得成功，需要提供什么样的支持？

沟通差距

· 对目标做了清晰的沟通吗？

通过提问识别差距

有助于识别差距的策略有很多，最容易上手的就是提问，比如：

· "面对这个，他们实际上需要做什么？"（如果对方回答"他们只是需要意识到这一点"，那么，再追问一次："没错，但面对这个，他们实际上需要做什么？"）

· 跟着新手转，观察他们怎么做，接着跟着专家转，问："两者的做法有些什么不同？"

· 问问自己，如果非常想做一件事，能否做到？如果答案是肯定的，那就不存在知识或技能差距。

· 问这样一个问题："除了培训之外，还有没有别的学习方法，并且是让学习者学完后更有可能正确处理问题的方法？"

· 问："这是否需要改变学习者现在的做事方式？"

· 问："如果学习者做错了，会有什么后果？"

· 问："怎样才算做得完全正确？"

· 问："是假设学习者头一次做就能把事情做好有道理，还是假设他们需要练习才能变得熟练有道理？"

如何识别差距

让我们通过几个场景来看看，如何识别差距。

场景一：玛丽安娜

玛丽安娜是公司信息技术支持部门的新任主管。她过去是一名出色的信息技术支持员。现在她获得了提升，管理着另外五名信息技术支持员。

人力资源部门送她去参加了管理培训。在那里，她学习了管理小时工所必须处理的所有文书工作，以及为直接下属提供良好、及时反馈的指导模式。

玛丽安娜在上岗后的头几个星期不太顺利。她淹没在文书工作里，不得不非常努力地跟上工作进度。其他的主管似乎也都专注于处理文书工作，所以玛丽安娜并不确定自己哪里做得不够好。

她的两名员工开始迟到，而她并不愿意直接和他们对峙，因为她不想让人觉得自己升职了就变得专横跋扈。她尝试使用培训课教授的指导方法。但它只对一个问题员工产生了少许效果，而对另一个员工完全没用。由于玛丽安娜越来越忙，她并没有真正完成指导过程的所有步骤，而且她也并不觉得这么做有帮助。

玛丽安娜的经理察觉到了她的问题所在，想为她安排更多的管理培训。以下哪些差距与玛丽安娜相关？

- 知识和信息差距
- 技能差距
- 动机差距
- 习惯差距
- 环境差距
- 沟通差距

——先想一想你的答案会是什么，再继续往下读——

这几乎可以肯定，不是知识和信息差距。玛丽安娜似乎知道该做什么，但她需要更多的指导和练习来培养技能，从而有效地完成任务。她有一些动机差距，让她不愿意运用自己明明知道的东西。从经理那里得到具体的指导，大概比参加更多的课堂培训更有帮助。而且她的环境里说不定有一些能够促使她改变的元素，有助于她跟上文书工作的进度。

场景二：马库斯

让我们再来看看本章开头提到的马库斯。

马库斯在为期两天的数据库设计研讨班里教授一门新的数据库设计课。这是他第二次在该研讨班担任老师。由于第一次的课程太过基础，他打算重新进行学习设计。对马库斯来说，初次的执教体验并不是太好。

最初，他在数据库设计原理上花了很多时间。他参考的是自己以前的教科书，其中涵盖了怎样规范数据库等基本设计原理的内容。可等他来到课堂上，却发现大多数学习者是经验丰富的数据库设计师，他们是专门来学习新技术的。一些学习者抱怨该技术的功能，还有一些学习者希望他解释为什么数据库设计必须按照一种特定的方式完成，马库斯感到有些措手不及。

面对这群学习者，马库斯需要考虑哪些差距？

- 知识和信息差距
- 技能差距
- 动机差距
- 习惯差距
- 环境差距
- 沟通差距

——先想一想你的答案会是什么，再继续往下读——

在第一轮教学工作中，马库斯把重点更多地放在了数据库设计原理上，而学习者并不真的需要。他们对新系统的功能存在知识和信息差距，并且有一些动机上的差距。这可能是学习者们被迫要按不同于旧习惯的方式去做事所导致的结果。如果马库斯能够把重点放在让学习者熟悉特定的软件功能，以及它有什么用处上，第二堂课的效果可能会有所好转。

场景三：艾莉森

让我们再来看看本章开头提到的艾莉森。

艾莉森是一家网页设计公司的项目经理，她刚答应在一所设计学院执教本科生项目管理课程。她的学生大多是创意设计专业的大二学生，十八九岁。他们选择这门课的主要原因是：这是拿到学位证书的必修课。

艾莉森需要考虑学习者的哪些差距？

· 知识和信息差距

· 技能差距

· 动机差距

· 习惯差距

· 环境差距

· 沟通差距

——先想一想你的答案会是什么，再继续往下读——

根据已知信息，没有迹象表明存在沟通问题，但对于其他几类差距，艾莉森几乎都要想办法弥补。她的学生没有太多的工作经验可供借鉴，而且说不定也没有太多项目管理知识（甚至完全没有）。他们需要培养技能，以便能够应用所学的知识，还需要环境中有相关要素为自己的学习和实践提供支持。考虑到这是一门必修课，而她的学生主要来自艺术和设计专业，艾莉森需要考虑怎样增强他们的动机。

为什么找差距如此重要

几年前，我为一位潜在客户设计提案。客户来到我就职的公司，对我说："我们的员工流动率很高，因此需要一堂培训课程，介绍公司的历史，降低员工的流动率。"

我委婉地建议：员工的流动率高，主要原因可能并不是员工不了解公司的历史，需要我们调查一下是否还有其他原因吗？

唉，结果，我们没签下那份合同，真见鬼。

在第三章，我们会看看怎样为学习设定良好的目标。但在确定目标之前，有一点很重要：要弄清楚差距和需要解决的问题到底是什么。不从此处着手，根本无法知道学习设计能否弥补差距。你有可能为了迈过路上的一道坎而修了一座高架桥，也有可能想靠一条十多米长的绳桥跨越大峡谷。

有一家客户公司我一直都很喜欢。这是一家为中学生设计毒品和酒精预防课程的组织。客户最初向我解释这门课程时提道，早期的很多毒品预防课程都把重点放在了知识和信息上。例如，告诉学习者"这是一根嗑药用的玻璃管。嗑药不好。"

会有人认为青少年吸毒的主要原因是缺乏对吸毒用具的了解、没有足够多的人告诉他们吸毒有害健康吗？

与此相反，这个组织专注于让青少年练习怎样应对涉及毒品和酒精的社交尴尬场合。孩子们分角色进行情景剧表演，就棘手的情况下应该怎样得体地应对而纷纷发表意见。因为是针对真正的学习差距而设计的，因此这门毒品和酒精预防课程的效果很好。

如果真正清楚地知道差距在哪里、差距是什么样子的、差距有多大，就能创造更好的学习体验，事半功倍。

小　结

· 成功的学习不仅是要了解和掌握更多的知识，而且要运用所学的知识做更多的事情。

- 有时候，学习者的主要差距体现在知识和信息上。但更多的时候，知识和信息仅仅是学习者真正需要培养的技能的补给品。
- 要识别是否存在技能差距，请提问："某人做某事无须练习实践，就可以臻于娴熟吗？"如果答案是否定的，那就需要保证学习者有机会通过练习掌握技能。
- 如果学习者知道某件事怎么做，还有什么其他原因导致了他们的失败？这时需要考虑学习者的动机差距。
- 学习者可能有着根深蒂固的旧习惯，改变很困难。舍弃所习，是形成新习惯的一部分。
- 环境必须为学习者提供支持。如果尝试运用所学时在环境中碰到了障碍，成功的可能性就会小得多。
- 有时候，可能并非存在学习上的差距，而是沟通上出现了问题。辨识这类情况，可以避免在错误的方向上浪费太多时间。
- 清晰定义差距，有助于进行更合适的学习设计，创造更好的学习体验。

第二章

了解学习者

学习者各不相同。

了解学习者，是创造良好学习体验的重要一环。如果不了解学习者，就会导致令人遗憾的结果。

那么，需要对学习者有什么样的了解呢？首先，大概需要掌握一些基本信息，如年龄、性别、工作或角色。通常，可以通过调查获得这些信息。有时，组织本身也会提供包含此类数据的文件。

除此之外，大概还要知道他们的阅读水平或他们的技术掌握情况。这些信息同样可以借助调查获取，或者是与一些具有代表性的学习者交谈（这从来都是个好主意）来获得。

除了这些，还需要得到几个关键问题的答案：

- 学习者想要的是什么？
- 他们当前的技能水平如何？
- 学习者与老师之间有哪些不同？

这些问题我们将在本章逐一讨论。此外，我们还会着眼于学习风格，以及了解学习者的方法。

学习者想要什么

不管学习体验如何，动力十足的学习者都会学习。相反，碰到缺乏动力的学习者，哪怕是最优秀的老师也会头疼。但越是考虑到学习者的动机，就越能创造出更好的学习体验。

要从几个不同的角度来思考学习者想要什么。想想他们为什么来到这里，他们想得到什么，他们不想要什么，他们喜欢什么（这和他们想要的东西可能是不同的）。

他们为什么来到这里

在思考"他们为什么来到这里"时，先来看看兴许会遇到哪些类型的学习者：

"只要告诉我需要知道些什么"型的学习者

"嘿，这玩意儿很酷"型的学习者

"我需要解决一个问题"型的学习者

"这是必修课"型的学习者

"我害怕改变"型的学习者

"哦，真见鬼"型的学习者

"我基本上已经知道了"型的学习者

你是哪种类型的学习者呢？很可能所有类型你都符合——具体类型需要取决于学习的主题和背景。你可能这次是这个类型的学习者，下次又是其他类型的学习者。在数学上，你可能是"这是必修课"型的学习者；而在音乐上，你可能是"嘿，这玩意儿很酷"型的学习者（或者反过来）。

归根结底，我们都是"我能从中得到些什么"型的学习者。我们想知道为什么一种学习对自己有用或有趣。无论属于哪种类型，学习者们都希望有目标，能够运用所学去做某件事情。

内在动机和外在动机

让我们看看两个正在学习使用 Java 编程的人。帕特是一个内在动机型学习者，而克里斯是外在动机型学习者。

内在动机型学习者是出于自身的原因对主题感兴趣，或是有一个想要解决的具体问题。帕特想用 Java 做一件具体的事。

外在动机型学习者受外部奖惩的激励。任何一种"规定要做"的学习，都有可能受外部动力的激励。克里斯学习 Java 的原因就是如此。

正如你所想，内在动机远远胜过外在动机。

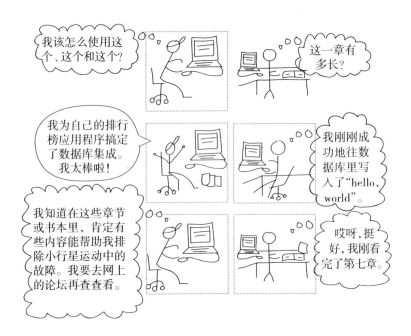

我们知道，在不同的学习主题和背景下，人人都有可能成为不同类型的学习者。同样，在不同的环境中，学习者的动机可能来自内部，也可能来自外部。例如，在年度性骚扰预防研讨会上，某人可能是非常受外在激励的（因为这是一件不得不做的事），但之后又有可能变得更加受内在激励（如果有员工向其提出性骚扰投诉的话。）

不是所有的外在激励都一样

研究人员爱德华·德西（Edward Deci）和理查德·莱恩（Richard Ryan）所构想的自我决定理论，大概是当前主流的动机模型。他们说动机是连续的：

外在

 我弹吉他是因为这能吸引异性。

 我弹钢琴是因为我父母为我的钢琴课花了很多钱，要是都浪费了我会很难过。

 我是弹大提琴的，但我也学钢琴，因为我想这能让我成为更好的大提琴演奏家。

 我喜欢弹手风琴，我真的不是为别人这么做的，就是因为自己喜欢。

内在

按照他们的定义，只有最后一种动机属于内在动机。德西和莱恩将内在激励跟只为了自己做的活动联系起来——也就是哪怕不涉及其他人，自己也喜欢或感到满足的事情。

在连续体的另一端，完全的外在动机纯粹来自外部。人们只是为了寻求奖励或逃避惩罚。在两端之间，德西和莱恩列出了一些与社会归属感有关的外部原因。也就是说，你做某件事，是因为它会取悦别人，让你感觉自己是群体中的一员，或者它增强了你的自我认同感。

动机很少只有一种属性，往往是不同因素的组合。例如，我会尽量多地跟进教育心理学研究，但我最初开始阅读相关论文时，我意识到自己的统计学知识不太够用。从那以后，我对统计学有了更多的了解，但这并不是因为我对统计学有发自内心的兴趣。我这么做是因为它对我来说必不可少，能让我感觉自己是个称职的专业人士，也是因为我不愿意在阐释数据时出现让自己脸红的错误。

完全的外在动机往往采用奖励或强迫的形式，因此是最低效也最难持久的动机形式。一旦奖励或惩罚停止，行为就会停止。而受到奖励或遭到强迫，会破坏学习者原本拥有的内在动机。

怎样应对不同类型的学习者

针对不同类型的学习者，老师可以使用不同的策略来改善其学习体验。

针对内在动机型学习者的教学设计策略包括：

- **向这些"学习大神"道一声谢。**说真的，面对这类学习者，老师会轻松很多。

- **保证学习者有时间解决自己的问题。**学习中或许要设计一些人人都需要做的标准活动或挑战，但如果学习者能学习对自己有意义的部分，那么效果和体验会更好。

- **把这样的学习者当成老师。**内在动机型学习者会自学很多东西。如果他们彼此分享这些知识，就能学得更多更好。一旦他们这么做，其他学习者就有机会意识到所学的知识有更广泛的应用面，这减轻了老师作为唯一信息源的压力。对于老师和学习者来说，这是个双赢局面。

针对外在动机型学习者的教学设计策略包括：

- **根据他们的具体情况寻找内在动机。**有什么东西（任何东西都行）能激发学习者对主题的内在兴趣吗？如果有，就针对他们可能会利用这些信息做什么，问很多问题。试着把它和现实世界中的相关任务联系起来，或者是和他们身为专业人士的身份认同联系起来。

- **让学习者告诉你。**先让学习者说出某个学习主题为什么有用或重要。如果老师直接告诉他们，他们或许会有抵触情绪，或者心存疑虑。但如果学习理由是他们自己想出来的，他们就会更容易接受。

- **寻找痛点。**如果学习者对教材不熟悉，就无法将自己的痛点与老师提供的解决方案建立联系。但如果老师能找出他们的痛点，并向他们展示怎样缓解，就能迅速将学习者的外在动机变为内在动机。

- **避免过多的理论和背景介绍。** 外在动机型学习者也许宁可自戳双目也不想学习理论知识。务必使用具体的例子并设计与现实生活场景直接相关的挑战。如果有大量的背景铺垫，却说不清它们为什么重要，那么就应该将之删除，或至少放到附录或参考资料部分。
- **利用有趣的挑战或问题来唤醒学习者的内在动机。** 如果从学习者需要解决的真正有趣的挑战或问题入手，他们的外在动机就会逐步转变为内在动机。但要记住，这里说的"有趣"指的是"对学习者来说有趣"。

场景：介绍干货

下面是一个为外在动机型学习者设计挑战的例子。几年前，我着手设计一款针对高中生的在线电子学习课程。这些课程有可爱的、华丽的图形和动画。我打开第一课，它的内容是统计学，刚开头就是一个热情洋溢的播音员说："欢迎来到这堂课。让我们从……统计学……的……历史……开始吧！"

你认为有多少高中生听到统计学历史会产生内在动机？

没错，这样的人不会太多。事实上，可以肯定地说，如果没有外在的奖惩，他们压根不愿学习这个主题。如果你想从这群人身上挖掘出少许内在动机，你该怎样换个方法来介绍这个主题呢？

——先想一想你的答案会是什么，再继续往下读——

下面是一些可行的设想：

- 使用著名的或存在争议的统计数据，如"50％的婚姻以离婚告终"，并让学习者研究这些数字的真正含义，以及它们的推导过程。
- 着眼于影响学习者生活的统计数据，如普查数据、学校资金等。
- 以钱为中心（这总是很有趣）。
- 让学习者根据统计数据来判断该买哪辆二手车。

学习者不希望觉得自己蠢

这些年来，我与客户有过几次这样的谈话：

> 客户：我们想为受众做个概述。我们想说的其实就是"××（主题）傻瓜指南"。但我们显然不能说"傻瓜"，我们不能暗示受众是傻瓜。
>
> 我：我觉得受众不会这么想的。
>
> 客户：不管怎么说，我们必须换个名字。

这是个有趣的问题，对吧？为什么会有人购买"傻瓜指南"系列图书呢？很明显，买这种书的人还不少，而且恐怕并不是因为人们觉得自己不够聪明。

我一直认为，"傻瓜/完全初学者/新手指南"这一类书的全部意义在于，它们不是要把你叫成"傻瓜"，而是说，它们的主要卖点在于向你保证，它们不会让你觉得自己蠢。

如果我拿起一本默认我知道赤霞珠和梅洛之间的区别的葡萄酒品鉴指南，那么，我还没看书，就已经要对自己的无知略感羞愧了。但假设说，我拿起一本书，它默认我并不知道雷司令和自来水之间的区别，这时，倘若我的确知道一些东西，我就会产生优越感。

我有个游戏设计师朋友正在设计电子学习程序。谈到游戏设计，他说："作为一名游戏设计师，我的任务就是让玩家觉得自己很聪明。"我认为，学习设计师也应该如此，其任务就是让学习者感到自己聪明。更重要的一点是，让他们感到自己很能干。

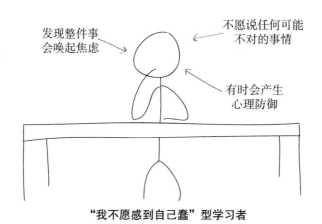

"我不愿感到自己蠢"型学习者

向学习者发起挑战。也就是说，不让他们觉得学习某个主题太容易。太容易的事情，会让人感到乏味，缺乏满足感。但又不能让学习者因为知道或者不知道某件事而感到羞耻。因此，要为学习者提供一条深入探讨学习资料的安全之路。

丹·迈耶（Dan Meyer）是位数学老师兼博主（http：//blog.mrmeyer.com），他这样描述自己向学习者介绍问题的过程：

> 让我们猜猜看——你们怎么想？你们认为错误的答案有哪些？我会请一位存在学习困难的学习者给我一个错误的答案……他可能给我一个估计得太高的数字，或者给我一个估计得太低的数字。我就以这种投入超低的方式让学生参与进来，回报却是巨大的。

这里有一些针对"我不愿感到自己蠢"型学习者的策略：

- **利用学习者已经知道的事情。**把他们对该主题已经掌握的知识利用起来。
- **让学习者一开始尝到些甜头。**他们刚开始能取得什么样的成绩？在第一节课里，他们能通过自学材料获得成就吗？
- **给学习者一定的掌控权。**这类学习者可能会感到自己无法掌控学习体验，所以要给他们一定的掌控权。例如，决定学习资料的呈现顺序或呈现速度。说不定，这能让他们感觉自己更多地融入了学习过程。
- **创造能包容失败的安全环境。**学习者能在一种安全的、不带评判的环境中练习或进行自我评估吗？

如果这些做得很好，那么，学习者的体验会更好，他们也会感觉自己能真正掌握这个学习主题。

学习者喜欢什么

除了知道学习者想要什么，还要问他们喜欢什么。我的游戏设计师朋友主张了解学习者的偏好：

> ……你可以看出，如果我们希望专注于开发用户想要也喜欢的软件，那么，除了相关的主题，我们还必须了解并懂得我们的受众。
>
> 我建议你研究一下目标受众喜欢什么品牌、媒体，有些什么兴趣爱好（看电视、看电影、玩游戏、浏览网站等）。这能让你更好地理解学习者有什么样的审美，喜欢和想要什么样的互动。（Raymer，2011）。

仔细想想，你会发现它很有道理。如果学习者喜欢篮球、编织、歌剧或真人秀节目，为什么不利用它们，让学习设计更能调动学习者呢？很明显，学习者们不会喜欢完全相同的事物，但如果能找到共同点，便可以在学习设计中利用它调动兴趣。

学习者当前的技能水平

在了解学习者时，有一点必须考虑，那就是其当前的技能水平。也就是说，需要知道学习坡度对学习者来说是平缓还是陡峭的。

要求学习者这样做？

还是这样做？

此外，要求学习者付出多少努力？

这个问题很复杂。虽然老师对学习内容的难度有一定的掌控权，但学习设计很大程度上并不是由老师决定的，而是由学习者的能力决定的。

举例来说，老师正在构建一套在其看来只要付出适度努力就能学
会并适用的学习设计。

但对初学者来说，学习坡度非常陡峭。

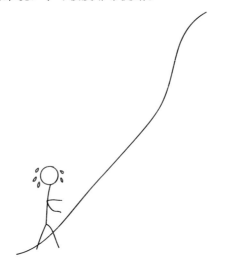

然而，对专家型学习者来说，学习坡度过于平缓，似乎完全不用
费力。

学习者体验到的难易程度，实际上是一种"衍生品"。它不仅取决于内容的复杂度，还取决于学习者的先验知识：

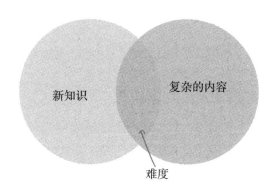

假设三位学习者分别是一名慢跑新手、一名优秀的业余跑者，以及一名经验丰富的专业马拉松选手，他们不仅需要不同程度的指导，而且还需要截然不同的学习设计。

慢跑新手需要：

- 大量的指导；
- 详细的介绍，而且开头不能讲得太快；
- 结构化的体验，有直接、可实现的目标；
- 提升自信的策略；
- 逐渐提升难度，有休息的机会；
- 老师对其表现给予指导和反馈。

优秀的业余跑者需要：

- 对一些新概念的实践；
- 进阶的主题信息；
- 改进现有技能的指导；
- 老师给予其更多的自主权。

专业马拉松选手需要：

- 有人把香蕉和水递过来，然后把路让开；
- 真正的专业指导；
- 关于具体挑战的信息，如某条路线的特征；
- 在衡量进度上提供一定的帮助，如里程标记、计时等；
- 完全的自主权；
- 有机会传授或指导别人。

除了递香蕉和水之外，上述不同阶段的学习需求几乎适用于任何学科。初学者需要老师帮忙搭建知识框架，给予系统指导。高级别的学习者需要更多的自主权和资源，并且可以按需获取。

有些学习者本来就知道很多了

同样的内容，在初学者看来很难，但在专家型学习者看来更像是这样：

学习坡度小，因此跑得更快

如果学习者本来就是专家，那么他/她可以继续在学习之旅上快速前进，直到遇到障碍：要么是遇到一个少见或新奇的概念，要么是陷入了困境。这时，他/她需要放慢速度，吸收所需的知识或技能，接着重新启动，再次跑起来。

遗憾的是，人们常常期待同一个学习设计可以适用于不同水平的学习者。

那意味着，在学习之旅中为支持初学者所做的一切设计（详细的指导，大量的练习，在加入新内容之前缓慢帮他们构建认知模型，等等），将会把专业选手逼得发疯。

　　这就好比一位出行经验丰富的旅客站在安检口，把笔记本电脑放在外面，把液体物品装在包里，脱了鞋，带着随身行李，准备登机，可他前面却挡着一位老奶奶。这位老奶奶自 1972 年以来就再也没搭乘过飞机。此外，挡在前面的还有一家幼儿园的全体小孩，外加他们所有的随身行李。

　　学习设计者出于预算考虑，或单纯为了图方便，使得不同水平的学习者经常被迫拥有相同的学习设计。

　　如果非得这么做，不妨考虑以下建议：

- **不要强行给所有人规定一样的标准**。不要强行规定所有学习者都逐一完成学习设计的各个环节。别这么做，真的。也就是说，不要让学习者全盘接受自己根本不需要的学习内容——允许他们自行选择课程体验的不同环节，或者允许他们回家自习。这意味着，不应该在电子学习环境里锁定一项菜单，强迫学习者们按顺序浏览，或者要求他们等音频解说全部播放完毕后才能进入下一个学习环节。

- **考虑以"拉"代"推"**。初学者往往不清楚自己有哪些东西不知道，但专家型学习者大多有很清楚的认识。只要所需信息便于获得且适用，就基本可以确定专家型学习者会自行获取。"拉"指的是老师提供资源、课程和参考材料，让学习者在需要时自行选择。可以尽可能地让这些内容便于查找、访问，但不必强迫学习者全部通读。

- **利用学习者的专业知识**。专家型学习者都是聪明人！想办法把他们利用起来。他们能指导初学者吗？他们能不能在课程中加入自己的学习经历和故事，让课程对初学者来说更生动呢？如果能找到一种方法，让专家型学习者利用自己的专业知识来强化学习之旅并且学到新东西，那么，他们对学习的参与度将变得更高。

- **以嵌入的方式为部分初学者提供信息**。例如，如果要在电子学习程序里为初学者提供词汇，那么可以采用滚动单词的形式来提供，而不是把它放在主要内容里。这样一来，如果初学者需要，就可以直接获取。但这种呈现形式并不会影响水平较高的学习者的进度。

- **学前测试**。区分不同学习难度的一种最常见的策略是，宣布"我们要来个学前测试！如果大家真的掌握了这些知识，就不需要上这堂课！"这么做的问题是：如果能设计出一套真正有效的学前测试来检验学习者的知识和技能水平，这会是十分合理的方法。可老实说，我没见过太多优秀的学前测试。它们大多是些过于琐碎简单的问题，正常的聪明人连蒙带猜就能得个及格分。设计一份优秀的测试卷很难。如果想要评估一项技能（一项需要花时间练习才能掌握的技能），那么借助多项选择题有多大的可能把技能水平测试出来？技能可以评估，但大多需要通过观察来实现，而不是通过多项选择题来测试（除非评估的是学习者的应试能力）。我在一次会议上碰到过一位电子学习方面的专业人士，他设计了一种评估学前能力的测试方法：他找一名对内容一无所知的学生接受测试，如果学生能得到百分制的40 分以上，他就知道这个测试并不能真正起到评估作用。

- **问一句"你需要什么东西吗？"，然后把路让开**。如果老师在为一位"马拉松专业选手"提供支持，他/她不会说"我们等等那些新来的人吧！"或者"你看过这本训练激励方法的小册子吗？"相反，他/她会说"你需要些什么？香蕉？水？什么都不要？好的——那就在下一个路标处见！"学习资源的提供也是这样：弄清楚学习者需要些什么，保证他们能得到，接着就别再妨碍他们。

为斜坡搭建脚手架

当主题对于初学者来说太过复杂时，若不对内容做彻底的简化，他们根本没法应付，该怎么办？如果一旦把知识运用到现实环境里，学习者就手足无措，该怎么办？

试试搭建脚手架。

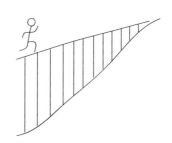

> 搭建脚手架：减缓学习坡度，然后逐渐减少这些支架，直到学习者能够独立应对斜坡。

好的脚手架就像自行车的辅助轮。它能让学习者在适度的支持下完成困难的任务。理想而言，它不会让学习者沦为旁观者，而是为他们本来无法完成的任务提供必要的支持，以便学习者能完成任务。

脚手架示例：

- **降低环境的复杂性**。假设一位老师想借助电子模拟教学来教某人在驾驶舱里控制飞机。这对初学者来说太复杂了。为了给学习者创造良好的学习体验，老师可以在最初的几个场景中淡出大部分的关键控件，只保留必需的几种。接着，等学习者变得更加熟练后，再逐渐添加控件。

- **进行预先演练**。让学习者通过一个简化案例来体验整个过程。例如，如果想向学生传授科学研究的过程，就让他们通过一个非常简单的研究问题进行演练，同时按步骤给予指导、给出明确的反馈，接着再给他们提供更为复杂的案例。

  再举一个例子。我曾为销售人员创建过一套学习设计，通过向几个虚拟客户销售技术产品，学习特定的销售流程。第一个学习场景是一个颇为傻气的短小案例：要在夏威夷卖滑雪服。这让学习者有机会了解学习界面和销售流程，不必担心马上会出现关键的学习内容。

· **提供支持。**如有可能，在体验中嵌入易于访问的参考资料。例如，把样本、定义或辅助文档放在手边，这样学习者在尝试完成任务的过程中就能随时得到所需的支持。

学习者和老师有多大的不同

老师首先必须知道的是：

尊重学习者。
因为他们不是你。

几年前，我读了一篇介绍不同工作风格的文章。这篇文章把人分成 4 种类型，并附上了问题，可以帮助读者判断自己属于哪一类。

我读着介绍我这一类型的文字，点了好几次头。我这类人喜欢解决问题？绝对是的。没错，我就是喜欢新的挑战。没错，学习新事物的机会对我来说是一种很棒的激励。

接着，我看了看其他 3 种类型。有很多人对安全和熟悉的东西才会感到大体舒适？对这些人来说，学习新东西令人害怕，让人不舒服？还有些人认为学习是一件麻烦事，是需要尽快摆脱或规避的必要之恶？真的吗？

哇哦！

我深感羞愧——我一直下意识地认为自己的体验才是常态。很可能你和我不一样，你从来没有这样的认知盲区，但所有人都不可避免地会根据自己的经验来思考问题。例如，什么样的学习体验对我来说是有效的？其他人肯定也喜欢类似的学习方式，对吧？

这种推导基本上是对的，但要记住，不是所有人都有同样的关注点和动机。尤其是，学习者和老师有着不同的认知视角。

学习者的背景知识

想一想关于学习材料，学习者掌握了多少背景知识。

上课前，老师掌握了很多背景知识，可学习者一般没有这么多。

请阅读以下这段话：

> 首先，你需要提供高于通常水平的支撑点，即抬升设备。如果你没有抬升设备，那么需要去找一个。在提供抬升设备之前，你需要降低所有关键接触点的后期阻力。应用抬升设备后，你可以完成关键接触点的旋转，换下受影响的元件。接着，你要重新启动关键接触点，移除抬升设备。你可以继续使用替换元件。如果它不适合长期使用，你兴许需要修复或更换原本的元件，届时，你将重复上述过程。

是不是很难理解呢？你是不是必须强迫自己聚精会神地理解或处理上述内容？

现在，来试试这一版。请先看下面这张图片，再读接下来的那段话。

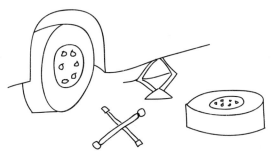

首先，你需要提供高于通常水平的支撑点，即抬升设备。如果你没有抬升设备，那么需要去找一个。在提供抬升设备之前，你需要降低所有关键接触点的后期阻力。应用抬升设备后，你可以完成关键接触点的旋转，换下受影响的元件。接着，你要重新启动关键接触点，移除抬升设备。你可以继续使用替换元件。如果它不适合长期使用，你兴许需要修复或更换原本的元件，届时，你将重复上述过程。

这一回是不是好懂多了？

换轮胎的例子来自一项实验（Bransford，1972）。实验者使用了一个类似的例子，任务是洗衣服。受试者分为 3 组：

- 一组人在阅读一段文字之前听说了这是在讲洗衣服；
- 一组人不知道这段文字讲的是洗衣服；
- 一组人读完一段文字后才听说这是在讲洗衣服。

不出所料，理解和记得最清楚的一组，是阅读这段文字之前就知道它是关于什么内容的那组人。他们之所以能够理解并记住这些信息，是因为他们的脑海里本来就有一幅关于洗衣服的画面，可以借助先验知识来解析文字信息。

这一点很重要。因为如果老师对某件事很了解，其脑海里就会呈现一幅画面，而学习者可能并没有。

老师知道多少 VS 学习者知道多少

假设老师正在教授一门介绍性课程，课前对于要介绍的物品已经非常了解。但显然，他/她不能像和同事交谈那样与初学者说话。那么，更大的障碍又来自哪儿呢？是学习者知道得不多，还是老师知道得太多？

这么说吧，有时候，障碍的确是因为学习者知道得太少了：

好吧，妈妈，你必须要在文件上点击右键……呃，呃……我的意思是，你要用鼠标上的另一个按键，它在右边……不，你没必要双击，单击就可以了。

好吧，好吧……现在，选择那个"添加"的选项。你在说什么？"你怎么能够判断？"菜单消失了？好吧（叹气）。我们从头再来……

但有时候，障碍是因为老师知道得太多，以及更重要的一点：要回忆起当初不知道时的感受，对老师来说是很困难的。你有没有遇到这种情形：有人在解释某件技术性的或很复杂的事情，但你怎么也跟不上？如果你碰到过，那么你就能理解当老师知道得太多或讲得太多时，学习者有多痛苦了。

那么，你要做的第一件事是……

由于老师和学习者对信息的心理组织方式不同，这种情况很难避免。

为什么大脑就像衣柜

想一个你擅长的主题。你的心智模型是怎样的？

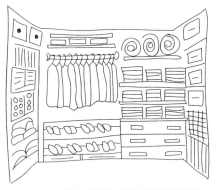

你对主题的理解和组织是像这样吗？　　　　　　还是更像这样？

　　如果你是专家，你的思维模型很可能类似于第一种——相当有序，分门别类，有着复杂的信息组织方式。如果你是新手，围绕有限的信息，你的思维是没有什么结构可言的。

　　如果递给专家一件蓝色毛衣，要他放进衣柜，专家会相当迅速地决定把它放在哪儿，因为他已经有一套完整的关于衣帽归类的心智模型了（放在毛衣栏，挨着其他冬装，冬装按照重量、风格或颜色分类）。

　　但是，如果把这件蓝色毛衣递给一名新手，让他放进衣柜，他很可能会困惑地看着毛衣，耸耸肩，把它扔到衣柜底层堆着的其他衣服上（因为他没有把衣柜里的衣服分门别类地进行整理）。几乎所有人都参加过这样的培训吧：信息蜂拥而至，你只能费力地跟上。

　　如果老师想让学习者检索信息，那么更大的问题来了。身为专家，老师有各种各样的方法筛选出某一特定信息——可以查看毛衣、冬装、休闲装，或者蓝色衣物。与此同时，学习者却是在随机翻检记忆中的信息，因为他们除了死记硬背没有别的策略。

怎样帮助新手搭建知识框架

　　老师要做的第一件事，是帮助学习者多搭几层搁架。光靠一套课程或一次性的培训项目，老师有可能让学习者完全接受自己的思维模型，但这就像把人埋在一大堆五颜六色的衣服里一样，简直一团糟。正确的做法是，老师应该为即将提供给学习者的知识和信息配上背景。

　　这里有若干方法可用于帮助学习者搭建知识框架：

　　·**借助高级别的教学手段**。先为学习者提供一些有助于组织后续信息的知识结构：可以是做了大致分类的路线图，也可以是对基本原理的概述，还可以是一个缩写词语或一种记忆手段。知识框架搭建好后，就可以开始往上面放置信息了。

　　·**使用视觉元素**。视觉元素包含了一些额外的线索，为学习者提供了更多类似于"钩子"的记忆索引，可供储存和检索信息。

　　·**借助故事**。学习者对于精彩的故事，尤其是能唤起情绪的故事，有着惊人的记忆力。

·**解决问题**。专家对信息进行分类的方式之一是，通过自己运用信息解决问题的方式来划分（也就是，怎样应用信息）。解决问题有助于新手搭建类似的知识框架。

·**让学习者设计搁架**。老师可以把组织信息作为一项具体的任务分配给学习者，让他们自行决定怎样组织信息。问学习者，如果要教别人的话，他们会怎样展示信息。接着，老师可以让学习者将自己的组织方式跟专家的方法进行比较，让他们思考将会采用哪些不同的做法。

·**使用比喻或类比**。将需要学习的主题与学习者本就熟悉的某个相关主题进行比较，充分利用其现有心智模型的存储和检索能力。借助学习者非常熟悉的日常生活用品（比如衣柜），通常都是好主意。

值得一提的是，虽然较为常见的情况是专家教初学者，但并不一定总是如此。偶尔，专家也会教其他的专家。最难办的局面是，一名专家要同时教一群专业水平参差不齐的学习者。

如前所述，本来就具备大量专业知识的人其实不需要太多的知识背景做铺垫——他们知道蓝色毛衣该放在哪儿，只需要执行就好了。

对于本就掌握大量专业知识的人来说，学习体验应该是高效的，更多的是"拉"而非"推"。让他们自己判断什么时候需要运用知识，需要运用多少知识即可。

如有可能，让懂得多的人找到快进通道，让他们获得必要信息，而无须费力地在本就知道的信息里跋涉。

经验过滤器

不管是新手还是专家，所有的学习者都会通过先验知识来过滤自己的新知识。人类是寻求意义的动物，我们会努力阐释自己不理解的东西，并加以解释。

这很好，它是学习中完全正常的一部分。每个人的理解都受先前经验的影响，所以，每个人对同一种素材的理解都略有不同。但有时，这可能会导致重大误判，比如：

> 咖啡师学徒：这位客户想要一份圣帕特里克节专享薄荷芥末
> 特浓咖啡，他用信用卡付款。我还没处理过用
> 信用卡结账的订单呢。
>
> 经验丰富的咖啡师：（心想："好吧，他是今天第一位点这份
> 恶心节日特供咖啡的人。"）没问题，把
> 它标记为节日特供，我来告诉你怎么处
> 理用信用卡结账的订单。

过了几个小时。

> 经验丰富的咖啡师：（核对收据）什么鬼？107 份节日特供？
> 这数目对吗？
>
> 咖啡师学徒：应该是对的——今天很多人都是用信用卡买
> 单的。

怎么知道学习者在想什么

除非会读心术，否则，要想知道学习者在想什么，就需要保证信息双向流动。

传统的讲授式课堂可能是人们最常见、最熟悉的学习模式：老师向学习者的头脑中灌输信息。

这种模式的问题在于，信息仅仅是单向流动。

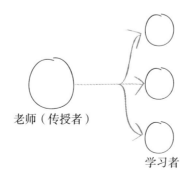

老师（传授者）

学习者

老师可能讲了好几天，仍不知道学习者存在什么样的误解。最终，在传统的课堂上，错误的观念可能会体现在作业中。但到了这时，信息已经在学习者的头脑中深深地扎下了根，纠正错误观念的理想时机就这样溜走了。

信息双向流动的互动模式会更好：

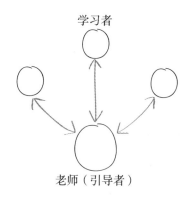

学习者

老师（引导者）

不管采用何种学习渠道（教室、电子教学、信息网站），都应该尽量创造互动体验。理想而言，老师应该创造机会，看看学习者怎样阐释和应用所学知识，这样就可以纠正学习者错误的认知，扩展他们的理解，巩固他们所学的方法。

学习风格

但——且慢！"学习者的学习风格是哪一种呢？是擅长听觉、视觉、触觉、动觉学习，还是概念学习，抑或是社交型学习？"

或许，你比较熟悉"学习风格"的概念。例如，你可能听说过有人被形容成"视觉型学习者"。

基本上，学习风格这一概念的倡导者主张，如果我们能够识学习者在学习方式上的个体差异，就可以创造最适合其学习风格的学习体

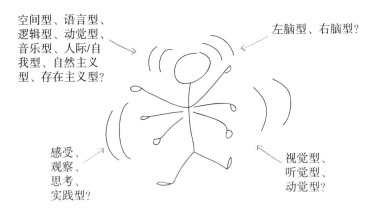

空间型、语言型、
逻辑型、动觉型、
音乐型、人际/自
我型、自然主义
型、存在主义型?

左脑型、右脑型?

感受、
观察、
思考、
实践型?

视觉型、
听觉型、
动觉型?

验，进而提高学习效果。

智力或学习类型有多种分类方式。以下是最著名的几种：

- **加德纳多元智力理论。** 霍华德·加德纳（Howard Gardner）提出，人拥有不同类型的智力（空间、语言、逻辑、动觉、音乐、人际、自我、自然主义、存在主义等方面的智力），而非单一的智商。
- **VAK 或 VARK。** 这一模型认为，人有着偏爱的学习风格，如视觉、听觉、动觉学习。
- **库伯的学习风格分类。** 大卫·库伯（David A. Kolb）根据学习者对抽象与具体、主动与反射型学习的偏好，提出了一套学习风格类型，即收敛型、发散型、同化型和适应型。

可以用学习风格做点什么呢

做不了什么。很抱歉，有效应用学习风格的科学证据相当薄弱（至少，截至本书撰写时是如此）。有几个假设无法真正加以证实：假设之一是，人的学习风格很容易被测量出来；假设之二是，有一种实用的方法可以让学习体验适应学习风格。或许有一天科技能最终解决这个问题，但眼下我们还没有真正有效的例子。

　　我提出这个话题是因为学习风格这个概念很流行，只是并未得到有效的证明。将来，随着人们研究出更好的评估和应用学习风格的方法，这种情况或许会有所改变。

　　更何况，它也不是毫无意义：你可以从有关学习风格的讨论中汲取一些有用的想法：

- **不是所有人都以相同的方式学习。**就算没法让学习情境适应某人独特的学习风格，也可以创造融合了各种方法的学习体验。这有助于增强学习的趣味性，提供多种记忆触发因素。变换学习风格，还能对抗人的习惯化倾向（稍后会展开详细的讨论）。
- **智力有不同的类型。**我曾经教过艺术系的学生，他们了解到多元智力理论后感到很欣喜，因为他们的能力与技能不属于 IQ 的传统定义，而多元智力理论却对他们给予了肯定。
- **我们的相似之处多于不同之处。**除了某些残障人士，我们都会通过视觉、听觉和动觉的方式来学习，我们也都有着不同类型的智力，只是程度各不相同而已。
- **你兴许希望根据所学科目来改变学习方法。**虽然根据特定学习者的学习风格定制学习体验难以实现，但有证据表明，老师应该根据学习内容去调整学习方法，至少要尝试将学习方法与学习任务相匹配。老师们肯定不希望通过有声读物来培训汽车修理工吧？

了解学习者的方法

　　那么，老师要怎样去了解学习者呢？建议读几本关于教学设计的好书，可以从艾莉森·罗塞特（Allison Rossett）的《早且快》入手。另外，关于怎样深度了解学习者，我们可以从用户体验这个领域借鉴很多东西，例如怎样进行用户画像。

　　对此，我不打算做太过详细的介绍。但有几种关键做法，我相信对了解学习者至关重要：

- 跟学习者谈谈；
- 跟随学习者四处走动；
- 跟学习者一起尝试。

跟学习者谈谈

以我的经验来看，大量的学习体验都是在没有跟学习者交谈的情况下设计出来的。身为学习设计者，我曾在很多项目中与项目的利益相关人士、培训师、管理者和主题专家交流过。但除非我坚持到底，要不然，我极少有机会跟学习者交谈。实事求是地说，大多数专家都有丰富的专业知识，对学习者也很了解，他们是很好的信息来源，但他们也有着相当复杂的知识结构。学习设计者应该跟这些专家好好谈谈，同时，也应该跟真正的学习者好好谈谈。

这是因为：

- **学习者能反馈运用所学的实际情况。**利益相关人士、管理人员和专家常常执拗于用"正确"的方式去做一件事。他们会告诉学习设计者手册上说应该怎么做，但学习者会告知实际学习和运用时会出现什么样的状况。理论上，贷款结算请求是"根据账目"安排的，但实际上，客户服务人员会使用一种特殊的快捷方式。理论上，程序员会为特定的功能编写独立的子程序，但实际上，人人都会登录同一个开源代码网站，复制那里发布的免费代码。在教学中，老师仍然需要传授正统的学习内容，但如果知道实际情况是什么样的，就可以创建更合适的学习场景，提供更合适的学习材料。
- **学习者能说出哪里是难点。**在进行学习设计时，最好的交谈对象是正在学习这个主题或刚学完这个主题的学习者。他们可以反馈：自己能理解哪些内容，什么内容容易，什么内容让他们感到困惑。

- **学习者可以提供实际运用所学的案例和背景。**学习者的评论、抱怨、建议和想法，能让学习设计者获得所有必要的细节，创建真正出色的学习场景。专家有时也能做到这一点，但他们提供的案例可能会略显过时，而当下的学习者往往知道如今的挑战在哪里。

学习设计者应该向学习者提一些问题：

- 你为什么要学习这个？
- 学习这个对你有什么帮助（学习动机是什么）？
- 你经历过的（与这个学习主题相关的）最大的困难或挑战是什么？
- 能举几个学习时遇到障碍的例子吗？
- 对你来说，最难学的部分是什么？
- 对你来说，容易学的部分是什么？
- 哪些内容是你非常轻松就能掌握的？
- 你现在会怎样使用这些信息？
- 你希望自己从学习伊始就知道些什么？
- 你能向我简要介绍一下所学主题吗？
- 典型的应用场景是怎样的？
- 在运用所学时，你遇到过哪些疯狂的例外（所学知识无法解决实际问题）？

跟随学习者四处走动

有时，这一重要过程被叫作"替岗"（job shadowing）。在用户体验这个专业领域，它通常指的是"背景查询"。但基本上，它的意思就是跟随学习者在实际环境中走动。

它不是焦点小组、电子邮件调查或电话访谈。它指的是进入学习者运用所学的实际环境：可以是办公室、工厂、他们驻地安装好的电脑，诸如此类。

为什么跟随学习者四处走动如此重要呢？

- **背景、语境、上下文。** 创造出情境触发因素，便于学习者以后能回忆起所学的内容。我们将在第四章对此展开更详细的探讨。这里，我们只需知道：学习者在与实际应用场景类似的环境中记住的东西，要比在不同的环境中记住的更多；而且，学习设计中对视觉或情境等背景利用得越多，学习者就记得越清楚。

- **先验知识。** 哪怕是初学者，他们恐怕也已经有了先验知识。就算学习设计者是在跟初学者交谈，也能有所收获。因为初学者兴许已经在大脑里对一些信息和步骤做了自动化处理。如果学习设计者问他们是怎么做到的，他们可能会省略很多细节。但如果是在真实环境中观察他们，就会看到实际情况，并且可以停下来获取更多信息，例如，"对于你刚才完成的步骤，你能告诉我为什么要……吗？"

- **案例、场景和活动。** 如果想为学习者创建更好的案例或场景，可以通过观察他们在实际环境中的做法，获取更多关键的细节。如果了解学习者的世界，学习设计者就能更轻松地创建更合适的案例、场景和活动。

跟学习者一起尝试

通常，完成分析之后，学习设计者就会着手设计学习内容。如果是面对面地授课，老师在授课过程中会得到相当多的反馈。但如果负责授课的老师并非学习设计者本人或者是采用电子教学的方式，学习设计者能得到的反馈可能就很少。

因此，如果学习设计者有一个活动设想，不妨让若干人来试试。这就好比创建原型，然后进行用户测试，开展试点。这和把它展示给某人、获取反馈还不太一样。让学习者来体验和点评学习设计是个很有用的办法。因为人人都会用自己的理解来填补差距，而要揭示差距，最好的办法莫过于尝试，也就是对一门课或一项活动做个应急性的快速测试，观察学习者试用电子学习程序的过程，可以在班级里找几位或部分能共情的学习者做试验。

有没有哪个部分的内容让人感到困惑？某些环节会拖慢进度吗？老师是否在中途自顾自地说了很长时间？受试者是否被活动说明弄糊涂了？尽早测试学习设计，往往能在正式接触到学习者之前做好补救工作。全世界所有学习理论的有效性，都比不上直接检验学习设计并加以完善。

这一点之所以重要，有以下几个原因：

- 学习设计者总会存在一定程度的"当局者迷"的问题。如果找人尝试过，就能及时发现哪些做法对学习者管用、哪些不管用，这样就可以避免在错误的方向上投入太多的时间和精力。
- 凭空很难想出好主意，也很难想出改进学习设计的种种良好方法。
- 它最终会变得更高效。如果经常跟学习者一起尝试，就能发现问题、提炼经验，创造出更好的学习体验。

小　结

- 了解学习者，不仅包括他们的数量、性别、年龄等，也包括他们的动机、好恶、技能水平和对世界的理解。
- 为初学者提供更多的知识学习"脚手架"，为有经验的学习者提供更多的资源和自主权。
- 帮助学习者搭建知识框架。
- 学习体验应该是双向互动的，这样，老师才能知道学习者什么地方理解对了、什么地方理解错了。
- 全世界所有理论的有效性，都比不上把时间花在学习者身上。因此要尽早也尽量多地让学习者来检验学习设计。

第三章

清晰定义目标

如果没有明确的目的地，就无法绘制清晰的路线图。

定义目标

进行学习设计时，务必要清晰定义目标。如果不知道学习者要到达哪里，就无法帮他们设计学习之旅。

如果没有明确目的地，就无法绘制出清晰的路线图，自然就不能与学习者有效沟通该路线图。

（就在那边的某个地方）

可以通过做以下几件事来定义目标：

- 弄清楚要解决的问题；
- 明确目的地；
- 确定起点到目的地之间的距离（识别差距）；
- 判断能走多远。

始于问题

在确定目标之前，最好先弄清楚要解决的问题。

为什么需要知道这个

多年来，我与客户经常进行类似的对话：

> 客户：销售人员只需了解保险承保、手机服务、云计算方面的基本知识。这就是学习目标。
>
> 我：好的，没问题。那么，为什么他们必须知道这些知识呢？
>
> 客户：嗯，他们只需要掌握一些基础。
>
> 我：嗯哼。他们实际上会怎样使用这些信息呢？
>
> 客户：他们只需要知道就行了。
>
> 我：如果他们不知道，会发生什么样的糟糕情况呢？
>
> 客户：他们会在客户面前显得很蠢。
>
> 我：啊！很好。所以，学习目标是，销售人员有能力准确回答客户的提问？
>
> 客户：嗯，我想应该是这样。

着手进行学习设计前，必须知道要尝试解决什么问题。大量学习都始于目标而非问题。因此，学习设计往往并不是为了解决真正的问题，而只是为了解决实际上并不存在的问题。让我们来看看以下目标和几种可能的解决办法：

目标	可能的解决办法
玛丽安娜能为员工提供适当的、及时的反馈	玛丽安娜可以观察另一位主管，学习良好的反馈； 玛丽安娜可以参加一堂向员工提供辅导和反馈的电子课程； 玛丽安娜可以与其他工作人员在反馈场景下进行角色扮演

上述 3 种办法都可能达到既定目标。下面是同一组目标和几种可能的解决办法，只不过始于问题。

问题	目标	可能的解决办法
玛丽安娜最近升职了，她纠结于怎样为过去曾是同事的人提供反馈（技能/动机差距）	玛丽安娜能为员工提供适当的、及时的反馈	玛丽安娜可以观察另一位主管，学习良好的反馈； 玛丽安娜可以参加一堂向员工提供辅导和反馈的电子课程； 玛丽安娜可以与其他工作人员在反馈场景下进行角色扮演

目标依然成立，但现在，我们能看出哪些解决办法更合适：观察其他主管和角色扮演，比参加一堂以知识为主的课程更好。

这里还有一个例子：

目标	可能的解决办法
维修人员需要了解用电的基本原理	上电子物理导论课程； 模拟故障排除常见电气问题； 介绍用电危险的课程； 制作电路的模拟课程

让我们再看一看始于问题的同一个例子。

问题	目标	可能的解决办法
新聘用的维修人员往往缺少安全处理客户电气问题的知识和技能	维修人员需要了解用电的基本原理	上电子物理导论课程；模拟故障排除常见电气问题；介绍用电危险的课程；制作电路的模拟课程

和前一个例子一样，一旦弄清楚要解决的问题，就会发现哪些解决方案更合适。

以下提问，有助于识别问题：

- "如果他们不知道这个，会发生什么糟糕的情况？"
- "他们实际上要用这些信息做什么？"
- "你怎么知道他们做得对不对？"
- "如果他们做错了，会是什么样子的？"
- "为什么让他们了解这一点如此重要？为什么那么重要？"（如有必要可重复追问）

问题分解

有时候，问题太过宏观，不够精准：比如，"学习者需要学习如何成为一名更出色的管理者。"这就好比是说"到非洲来见我"。非洲的确是个目的地，但仅凭这个信息没法订机票。在这种情况下，必须要对问题进行分解，例如：

- 学习者需要安排餐厅员工的值班时间表，充分覆盖所有轮换的班次。
- 学习者需要向一名经常迟到的员工提供适当的反馈。

经过分解，就能明确目的地，并绘制更具体的路线图，前往需要到达的地方。

有时候没有问题

有时候的确没有问题需要解决。

兴许，我参加电影欣赏课只是为了自我满足，并不指望通过学习这门课当上专业影评人。

东南亚烹饪的社区教育课程，地方美术馆的绘画课，甚至高中的法语课，都不是为了解决一个真正的"问题"而设立的。

并非所有的旅程都是为了抵达目的地：有些是为了在某个令人愉快的地方散散步，有些是为了欣赏沿途的风景。哪怕学习不是为了回应问题，也可能是在回应某种需求或渴望。

学习者想要或需要从学习中获得些什么？如果能考虑并满足这些需求或愿望，就能创造出更好的学习体验。

明确目的地

弄清楚要解决的问题后，就要明确目的地。

目的地越明确，就越能清晰地绘制出路线图。例如，假设某人正在教授一堂 Java 编程课，它的目标是：

学生将理解怎样用 Java 编程。

这样的学习目标，几乎能让所有接受过正规训练的学习设计者脑袋爆炸：

理解？理解？！说真的，你怎样才能知道他们什么时候就神奇地"理解"了？？？给我一些能够衡量的指标！

这个学习目标实际上存在很多问题，但我们不妨先从"理解"这个词的用法开始。

这是一个完全合理的期待——我们当然希望学习者理解，但没有明确可见的方法能看出某人是否真的"理解"了。针对"理解"这种模糊的目标进行学习设计太难了，所以，我们必须更清晰地定义它。

一种解决办法是在学习目标中使用与"做"相关的词语：

- 学习者将能够解释建模和仿真的计算价值。
- 学习者将能够描述调用方法的正确运用。
- 学习者将能够定义和描述核心数据结构的使用，如数组、链表、树和堆栈。

上述目标使用了定义、描述和解释一类的词语，因为这些都是可观察的行为。

当然，这只是一种对冲手段。它并未真正解决问题，只是让学习者们熟记并背诵定义。实际上，要判断学习者能否准确定义、描述和解释某事，就跟判断他们是否能理解某事一样困难。况且，真正重要的不是学习者能否定义、描述和解释某事，而是他们能否做到某事。

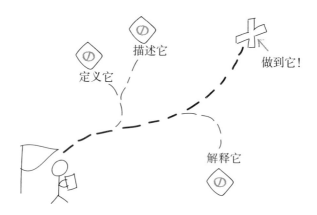

说到底，由于我们关心的不是学习者知道些什么，而是他们能做到什么，所以学习目标应该反映出：

> 学习者能创建一个功能齐全的简单用户界面，收集客户数据，并将数据传输到数据库。

所以，学习设计者在确定学习目标时，不妨问问自己：

- 这是学习者在现实生活中会做的事情吗？
- 能判断他们是否做到了吗？

如果对这两个问题，有一个答案是"不"，那么兴许就要重新定义学习目标了。

学习目标	在现实生活中会做吗？	能判断他们是否做到了吗？
学习者应该能够识别出为客户选择正确产品的所有必要标准	是/否	是/否
学习者应该能凭借记忆列出所有常用的荷兰语介词	是/否	是/否

续前表

学习目标	在现实生活中会做吗？	能判断他们是否做到了吗？
学习者应该了解项目管理的角色和责任	是/否	是/否
学习者应该能够创建一个能在 5 种最常见的浏览器上运行的网站	是/否	是/否
学习者应该能够陈述性骚扰的法律定义	是/否	是/否
学习者应该能够识别一项投诉是否符合性骚扰的定义，并能够说明原因	是/否	是/否
学习者将了解 JavaScript 作为编程工具的局限性	是/否	是/否

好的，现在让我们来逐个看一看。在看答案的时候，想想该如何修改学习目标，让它同时满足上述两项标准。

学习目标	在现实生活中会做吗？	能判断他们是否做到了吗？
学习者应该能够识别出为客户选择正确产品的所有必要标准	是，这大概是一项真实生活里会出现的任务	是，有很多相对简单的办法可以评估学习者能否做到
学习者应该能凭借记忆列出所有常用的荷兰语介词	否	是，这很容易评估
学习者应该了解项目管理的角色和责任	也许会。目标过于宽泛模糊，难以直接做出判断	极难进行评估。最好是将这一学习目标分解成较小的目标
学习者应该能够创建一个能在 5 种最常见的浏览器上运行的网站	是	是
学习者应该能够陈述性骚扰的法律定义	否	是，但肯定有必要再做一些说明。比如，你是需要一字不落的定义，还是只需说出主要标准即可

续前表

学习目标	在现实生活中会做吗？	能判断他们是否做到了吗？
学习者应该能够识别一项投诉是否符合性骚扰的定义，并能够说明原因	是，这是一项有人可能需要在现实生活中做的任务	是
学习者将了解 JavaScript 作为编程工具的局限性	不太会。它有些模糊和宽泛，可以说得再清晰些	否

所以，如果我们想要修改最后一个目标，怎样把它改得更好呢？

最初的目标：

　　学习者将了解 JavaScript 作为编程工具的局限性。

修改方法一：

　　学习者将能够为一项具体的任务找出最合适的编程工具，并能够陈述原因。

修改方法二：

　　学习者将能够陈述 JavaScript 是否适合作为某项具体任务的编程工具，并给出判断的正确理由。

有些时候，没有办法设定现实的任务。例如，如果老师在教某人核物理，他可能得先教一些并不指导现实任务的概念性资料。但为了便于理解后面要涉及的概念，又必须先理解它。即使是这种情况，也可能需要学习者先处理这些信息，哪怕只是为了用它来理解别的东西。

确定目标时，要运用判断力。如果需要大费周章才能让学习目标发挥作用，那么，这说明需要将目标再次分解——要么拆分它，要么不停地追问，直到找出真正的目标。

学习者应达到的复杂程度

在设定目标前，要思考希望学习者实际学到多少。有很多种方法可以用来考虑这个问题。第一种方法是思考希望学习者对知识的理解达到什么样的复杂程度。对此，可以使用一种量表，叫布鲁姆分类学（Bloom's Taxonomy，此处收录的是 Anderson & Krathwohl 在 2001 年的修订版）。

- 记忆
- 理解
- 应用
- 分析
- 评估
- 创造

例如，某人正在阅读《写给大家看的设计书》（*The Non-Designer's Design Book*，这是一本关于平面设计基础知识的优秀作品），他将学到平面设计的原则：对比、重复、对齐和亲密性。如果我们从分类学的角度看，它可能是这样的：

复杂程度	学习者可以这样做
记忆	告诉某人 CRAP 这一英文缩写词代表什么
理解	解释每一条原则的意思
应用	根据这四条原则，组织网页元素
分析	浏览一幅平面广告，解释设计中怎样分别运用了这四条原则
评估	根据这四条原则的运用情况，对几幅不同的宣传海报进行专业评价
创造	从零开始设计一张网页或一个平面版式

这些项目会随着学习的推进，逐渐对学习者提出更高的认知要求（例如，"记忆"应该比"评估"更容易）。一些学习设计者认为这份清单是一个渐进式的流程，即在进行"分析"之前，学习者必须先"理解"。

从逻辑上讲，渐进设想合乎情理，但并非学习设计的必要条件。例如，分析一系列广告，有可能是"理解"原则的好方法。又或者，指导学习者完成一幅平面广告的创作，也可以是学习"应用"的好方法。

实际上，就算把顺序完全倒过来，也能创建出精彩的学习设计：

复杂程度	学习者可以这样做
创造	给学习者一些元素（产品图片、文案、标志），并让他们设计一幅模拟宣传海报
评估	让学习者将自己设计的广告跟一些专业的案例进行比较，并让他们讨论自己哪些地方做得对、哪些地方做错了
分析	让学习者指出有效的设计元素，并在白板上将这些元素分类，放到四条设计原则下
应用	让学习者根据这些设计原则，回到最初的宣传海报中去修改相关元素
理解	总结设计原则，在有必要的地方重拾定义，纠正误解，或解决问题
记忆	让学习者自行归纳总结设计的四条原则，可在将来用作参考

> 提示：根据需要设定不同复杂程度的学习目标。例如，如果是学习怎样阅读电路简图，那么最多只需达到分析水平。如果是学习应用一个概念，那么就不能仅仅停留在理解层面。

学习者应达到的熟练程度

另一种有效设定学习目标的方法是，思考希望学习者变得多熟练。针对这个问题，也有很多量表可供参考，我个人偏爱的是格洛丽亚·格里（Gloria Gery, 1991）的这一份：

- 知悉
- 领会
- 有意识的努力
- 有意识的行动
- 精通
- 无意识的能力

如果我们把这一量表应用到 CRAP 的案例中，它看起来大概会是这样：

熟练程度	学习者的表现
知悉	能够认出或回忆起设计原则
领会	能够解释或描述原则，或经提示可识别出例子
有意识的努力	有意识地运用原则，尝试设计某样东西
有意识的行动	通过有意识地运用原则，成功设计出某样东西
精通	不需要费力参考就可运用这些原则，成功设计出某样东西
无意识的能力	没有多想或没有故意参考就在设计时运用了这些原则

当你对平面设计原理这类知识达到"无意识的能力"这一水平后，你只要瞄一眼电影海报就能发现文字元素没对齐，并撇撇嘴。你已经把整个概念完全自动化了，无须再在这类任务上投入太多有意识的努力。

一般来说，培养无意识的能力需要花费相当多的时间，做大量的练习。你不妨回想一下学开车的经历，你大概是过了几个月甚至几年之后，才不再需要在这个任务上花费很多有意识的努力。部分无意识的驾驶能力可能需要你用上好几年的时间来培养。

将这份量表颠倒过来的情况比较少见，但也是有可能发生的。语言学习就是一个例子。你兴许在若干语法规则上具备了无意识的能力（不用想就能做对），但无法有意识地做出解释。

另一种方法是把它想象成一幅坐标图：X 轴代表希望学习者达到何等复杂程度，Y 轴代表希望学习者达到何等熟练程度。

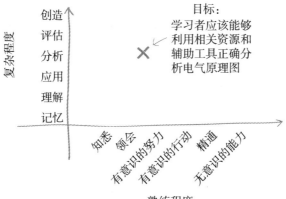

毫无疑问，你在 X 轴和 Y 轴上走得越远，你需要投入的时间、练习和技能培养就越多。未经长时间的大量练习，你绝对不可能超过有意识的行动这个阶段。如果没有多个示例，没有与这些示例互动并获得反馈的机会，你也无法达到更高的熟练程度。

只接触学习材料一次，学习者最多能够知悉。如果要把学习者带到更高的水平，但却只给学习者一次接触学习材料的机会（比如一堂课，或是一节电子学习课程），那几乎是肯定做不到的。

沟通学习目标

培训的"规则"之一是，要告诉学习者学习目标是什么。在学习设计领域，"你应该告知学习者学习目标！"就是广为流传的格言。

它经常以如下幻灯片的形式，出现在课程的开头：

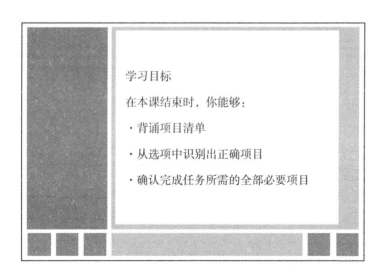

你在培训课程的开头看到过这样的幻灯片吗？如果没有，兴许是你把它自动屏蔽掉了（我自己就这么做过一两次）。如果看到过，但愿你看到的学习目标写得比它好一点。为什么要从一开始就向学习者说明学习目标呢？原因或许如下：

- 让学习者的注意力集中在目标的关键点上。
- 让学习者知道其后会发生些什么。
- 让学习者知道应当努力达到什么样的绩效水平。

对于学习设计者来说，设定明确的学习目标还有很多好处。比如，能拥有明确的方向，知道该设计些什么，不该设计些什么。又如，便于课程结束后评估学习设计是否成功。

教学设计专家威尔·塔尔海默（Will Thalheimer）为不同类型的学习目标做了分类（Thalheimer，2006）：

类型	介绍
关注目标	一种在学习者接触学习材料前便向其展示的陈述，旨在引导学习者将注意力放在学习材料中最重要的方面
绩效目标	一种在学习者接触学习材料前便向其展示的陈述，旨在帮助学习者快速理解自己将要学习的能力
教学设计目标	由教学设计者为指导教学设计和开发而设定的陈述
教学评估目标	由项目评价者（或教学设计者）为指导教学评估而设定的陈述

新手（学习设计者）常为写出优秀的学习目标而纠结，部分原因是，他们经常被要求把这4种目标塞进一句话里。这就像试着把一家四口的所有装备打包到一口随身背包里，其难度介于棘手和不可能之间。这还意味着学习者要理解可怕的教学设计专业术语。这些专业术语可以帮助学习设计团队确保学习目标是准确的，但用它来"轰炸"学习者未免太过残酷。

那么，不妨尝试这样做：

类型	问问你自己	案例
关注目标	有什么是我特别想让学习者注意的吗	"JavaScript 可以是一套有用的工具，但并不适合干所有的事情。在本模块中，你需要特别注意的是怎样判断 JavaScript 是否适合你的项目。"
绩效目标	希望学习者达到何等熟练程度？学习者是否需要对此知情	"你的任务（如果你愿意接受这项任务的话）是，向团队就即将开始的 5 个软件项目做出推荐，以及说明 JavaScript 是否适用于这些项目。你需要向团队捍卫你的决定。"
教学设计目标	你的设计基于什么目标	"学习者将能够陈述 JavaScript 是否适合充当特定任务的编程工具，并为其决定给出恰当的理由。"
教学评估目标	教学设计怎样才算成功了	"在判断 JavaScript 是否合适的场景中，学习者的判断准确率至少需要达到 80%，并且能够根据回忆列出至少 75% 的标准来证明其决定的正确性。"

另外，顺便说一句，在课程开始的时候，最好不使用学习目标幻灯片。如果想向学习者传达目标，可以使用一项挑战、一个场景，或者一段信息，比如，"这是你的任务，如果你选择接受它的话……"除了幻灯片上的要点外，还有很多方法可以让学习者知道目的地在哪里。

识别差距

设定好学习目标之后，要重新审视如下问题：为什么学习者当前没有达到这些目标？他们的现状跟他们想要达到的目标之间存在什么样的差距？

- 知识和信息差距
- 技能差距
- 动机差距
- 习惯差距
- 环境差距
- 沟通差距

那么，确定学习目标和识别差距，先从哪个着手呢？答案是两者同时推进。有时，可以从某种需求或挑战开始，定议学习目标并识别差距。有时，其中一个会为另一个提供信息。例如，如果老师想教学习者怎样使用软件里超级酷的分析功能，那么，他们兴许会将"让学习者能够运行分析报告"作为学习目标。随后的差距分析可能会表明，学习者知道运行分析报告的流程，只是不知道怎样在分析中获取数据。这会极大地改变学习目标。

判断能走多远

设计学习之旅时，想一想学习者能顺着这条路前行多远。

几年前，我做过一份相当令人苦恼的工作——执教 GMAT 预备班——用整整一个周末的时间帮助 MBA 预备生准备下周末要参加的 GMAT 考试。对一般的学习者来说，我有很大的概率提高他们的数学成绩，但很难提高他们的语文成绩。

在数学上，我可以教他们一些解答数学题的速成方法，让他们回想从高二之后就再也没见过的几何公式，让他们习惯考试中会出现的"数据充分性"古怪格式。

这些技能是基于信息的，只要激活先前的知识，就能在几个小时内达到一个较高的掌握水平（至于学习者能否保留这些技能，那是另外一回事）。

而在语文上，他们需要的是诸如词汇、阅读理解、复杂分析、逻辑推理等技能。这些技能不是用一个周末就能掌握的（十多年还差不多）。如果学习者不具备这些语言基础，我能教给他们的捷径就很少。

有些知识或技能可以很快掌握，但另一些则需要很长的时间来培养。那么，学习者要顺着这条路走多远呢？有些客户告诉我，他们想通过半个小时的电子课程传授问题解答技能。因为问题解答的能力需要相当长的时间才能培养出来，所以我通常会暗自轻声叹息，然后给他们讲讲上面的故事。

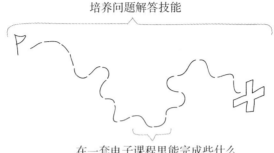

培养问题解答技能

在一套电子课程里能完成些什么

速度分层

斯图尔特·布兰德（Stewart Brand）是《建筑怎样学习：建筑建成后会发生什么》（*How Buildings Learn：What Happens after They Built*）一书的作者。在书中，他描述了一个名为"速度分层"的观点。它的大概意思是，有些东西变化得快（房间里的物品可能每天都在变，摆设和装饰可能几个月或者几年变一次），有些东西变化得慢（空间使用、室内布局与建筑结构可能数年才会有所改变），还有一些东西变化得极为缓慢（地基可能几年、几十年甚至几个世纪才会变）。（Brand，1994）

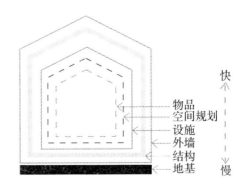

布兰德先生（在 Long Now Foundation 网站上可见）对城市和文明速度分层的见解如下：

> 快的部分学习、接受建议、吸收冲击；慢的部分记忆、整合、加以约束。快的部分吸引所有的关注；慢的部分聚集所有的力量。

这就提出了一个问题：学习者的速度分层是什么样的？什么可以快速改变，什么改变起来更为缓慢呢？

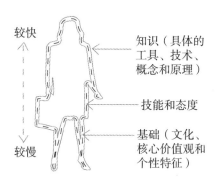

在我执教的 GMAT 课程中，我充其量能重新布置一些"家具"（并希望它们一直保持到学习者参加完考试）。我无法真正改变学习者的语言技能——这些属于结构和基础部分。

快还是慢

如果特定知识点属于能快速学习的部分，老师兴许能够让学习者从头学到尾。如果特定知识点属于掌握起来非常缓慢的部分，比如培养学习者解决问题的能力，那么学习者能慢慢顺着路径走已实属不易。

让我们来看一个例子。托德是新来的餐厅经理。他刚刚晋升，需要尽快提高自己的技能。

托德，新到岗的管理者

哪些技能是托德需要快速掌握的呢？哪些技能掌握起来会比较慢？

托德的新工作要求	掌握快还是慢？
批准时间表	快—慢
沟通变更	快—慢
创建每周的日程安排	快—慢
设计和执行有创意的季节性促销活动	快—慢
创造相互尊重的工作环境	快—慢
预测库存需求	快—慢
减少浪费	快—慢
每月检查安全和洒水系统	快—慢
识别和防止职场性骚扰行为	快—慢
认可并奖励员工	快—慢
调解员工冲突	快—慢
安全酒精销售流程培训	快—慢
确认餐桌摆放得当	快—慢

　　宽泛地说，批准时间表、沟通变更、每月检查安全和洒水系统、确认餐桌摆放得当，应该是可以很快提升的技能。创建每周的日程安排、设计和执行有创意的季节性促销活动、识别和防止职场性骚扰行为、安全酒精销售流程培训可能是中等难度的混合技能。而创造相互尊重的工作环境、预测库存需求、减少浪费、认可并奖励员工、调解员工冲突等，都属于高难度的慢提升技能。

　　快提升技能大多有着更明确的规则设定。能较快提升的技能往往指的是可以说出正确答案的事情。较慢提升的技能往往指的是有隐性规则设定的事情——说出什么是"正确"的很难，但只要你看到它，你兴许就能判断是否"正确"。因此，餐桌摆放的规则很明确（你可以解释规则是什么样的），但创造相互尊重的工作环境，就很难清晰定义。如果一项技能建立在隐性规则的基础上，那么学习者通常要观察大量的例子，才能逐渐识别出"正确"模式。

对此，老师可以做些什么呢？如果识别出某件事是一项慢任务时，老师应该怎么处理？

找几个"靠枕"。有什么简单、低成本的方法可以产生影响呢？它可以是一个榜样、一种工具、一张提示图表、一份清单。也就是说，它一定是学习者参照其就可以立刻执行、能带来立竿见影的效果的事物。只不过，别想着用"靠枕"解决大问题。"靠枕"或许能为房间增添色彩，是产生影响的低成本方式（这么做完全没问题），但要真正实现行为改变，还需要从事一些繁重的劳动。

提供一些更坚固的"零部件"。为学习者提供更具体的资料，但要意识到这需要更长的时间：他们需要拆掉旧零件，把新零件安装上去，并逐渐适应变化后的模式。别想着一次性把事情全都做完——请记住它分为若干步骤，并且全都需要老师提供支持。

认识到无法在短期内改变学习者的知识结构。如果学习者已经进行了一些知识或技能的翻新工作，那么老师可以带着他们把"装修"进度提前一些。这听上去似乎很容易，实际上却很难。因为它涉及一个根深蒂固的信念：老师可以在短时间内完成对学习者的重大改造。但显然老师做不到——假装能做到是在浪费资源。如果带着更长远的视角进行学习设计，承认有哪些事情做不到、哪些能做到，就能创造更好的学习体验，并预先制订好长期计划。

尊重基础。这里的基础是指学习者的个人根底，而它又由文化、个性等因素构成。如果改变学习者的知识结构时不能很好地适应其基础，那么最好是调整学习设计，因为基础真的不大可能发生变化。

针对快慢技能进行设计

那么，针对快技能和慢技能，应该怎样进行学习设计呢？快技能相对来说比较容易，只需老师提出概念，确保学习者有充分的机会进行实践，并在必要时加以巩固即可。慢技能的学习才是难点所在。

让我们来看看"招聘合适员工"的管理技巧。这是典型的慢技能。有些人做了 20 年经理，仍有提升空间。

老师能做些什么，帮助托德改善这项技能呢？

速度	类型	能做些什么
非常快	工具，清单，具体的流程	给托德一份招聘问题清单，让他练习使用并评估答案。让托德把这份清单视为面试时的辅助工具
中等	技能、实践、培养熟练度	练习场景和角色扮演，根据时间进度提供详细反馈
慢	更高级的概念和战略技能、专家指导、广泛的实践	让托德接受一位经验丰富的经理的专业指导。同时，让他阅读、学习这一领域更深层的资源，设定相关的个人发展目标
基础	评估、自我评估、觉知	让托德评估自己的技能、个性和文化偏差，以及这些因素对他的管理技能会有什么样的影响。托德不大可能改变这些因素，但如果能学会意识到它们，将有助于他接纳并更好地利用这些因素

小　结

· 使用"为什么""为什么""为什么呢"以及"如果学习者不知道，会发生什么糟糕的事情呢"等问题，定义真正的学习目标。

· 学习设计应该始于问题，以确保学习是为了解决真正的问题，而不是本来不存在的问题。

· 使用两个问题（"这是学习者在现实生活中会做的事情吗？""能判断他们是否做到了吗？"），来确保学习目标有用且可以用。

· 判断学习者需要达到何等复杂度和熟练度，并进行相应的学习设计。

· 识别学习的是快技能还是慢技能，并针对性地进行学习设计。

第四章

怎样有效记忆

一股脑地强行记忆并非好的学习方法。

记忆是学习的基础。我们不妨看看学习者是怎样记住东西的。知识是怎样进入记忆的？在需要运用这些知识的时候，又怎样从大脑中检索呢？

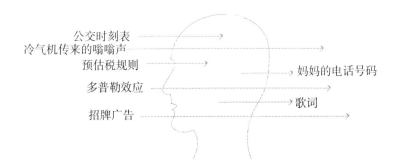

公交时刻表
冷气机传来的嗡嗡声
预估税规则
多普勒效应
招牌广告

妈妈的电话号码
歌词

关于记忆的本质，还存在很多未知。但关于它怎样运作，的确有了一些初步的理论和模型。首先，我们来看看人是怎么把信息编码到记忆中的。接着，再看看记忆的不同类型。

记忆的输入和输出

成功的学习包括编码和检索，即记忆的输入和输出。记住当然是必不可少的第一步，但对于记住的信息，我们还要能够检索、操作、组合、创新。

大脑中的信息，并不像夏天的羊毛衫一样，会老老实实地待在衣柜里。输入信息时，它不会被动地躺着等待被取出，而是与其他信息互动。所以，大脑并不真的是一个衣柜。

如果把大脑比作衣柜，它也是一个超级自动化的衣柜，可以不断进行自我整理；要不然就居住着一些衣柜小精灵，能不断地移动、排列东西。

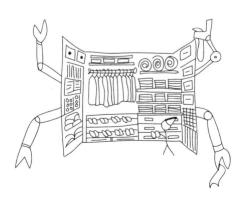

这样，任何放进衣柜的东西会自动地分为多个类别。所以奶奶很久之前给你织的蓝色袜子会神奇地同时和羊毛衣物、蓝色衣物、袜子、适合搭配的衣物、奶奶的东西、穿旧的东西等放在一起。

更重要的是，自我整理的衣柜有多种交叉重叠的方式来跟踪记录物品。当你把蓝色袜子放进"袜子"抽屉时，衣柜却还可以通过查看"羊毛衣物"或"蓝色衣物"来检索它们。

你的大脑是一个动态的、多面的、不断变化的实体。你从这本书中获得的任何东西都将改变大脑的物理结构。它会建立新的连接，强化（或削弱）现有的连接。

那么，哪些东西能留存在大脑里呢？每天，我们都遭到数以百万计的信息轰炸，我们不可能全都注意到，更不可能全都记住。

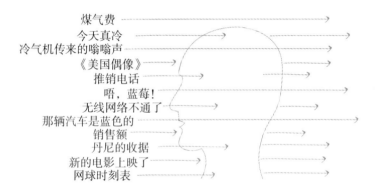

幸运的是，你有一整套的过滤器和触发器可以解析这些信息：

- **感官记忆。** 这类记忆是你感知一切事物的第一种过滤器。如果你选择关注某事，它就会转变为短期记忆。
- **短期记忆。** 这类记忆能让你暂时保留概念或信息，以便采取行动。大多数事情都会从短期记忆中消失，但有些则编码进入了长期记忆。
- **长期记忆。** 这是你的衣柜，你把会保留一阵子的信息存储于此。

让我们来逐一看看它们。

感官记忆

记忆的第一个层次是感官记忆。基本上，你所感知到的任何东西，都短暂地存储在你的感官记忆中。

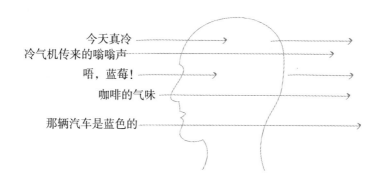

今天真冷
冷气机传来的嗡嗡声
唔，蓝莓！
咖啡的气味
那辆汽车是蓝色的

大部分的感知会在你无意识的情况下持续输入，除非你觉察到了什么不同寻常或值得注意的地方。例如，现在停一下，留心你能听到的所有声音。如果你在室内，你兴许能听见空调或暖气发出的嗡嗡声、电器发出的杂音。如果你在室外，你会听到各种噪声。除非某个人或某样东西唤起了你的关注，否则，你很可能不会注意到这些噪声，而且肯定不会把噪声编码到记忆里。

习惯化

感官记忆对学习设计者来说不是什么大问题，但习惯化现象例外。习惯化是指适应了一种感官刺激后，以至于不再注意到它，或者不再对它有所反应。

> 习惯化：听久了冰箱的嗡嗡声之后就不再注意到这烦人的声音，或者是，仪表盘上的"检查发动机"指示灯亮了好几个星期后，都没注意到它。

如果事情无法预先知道，可能更难以成为习惯。例如，你兴许很快就习惯了电脑显示器发出的嗡嗡声，可荧光灯闪烁的恐怖折磨却会持续很长时间。因为灯光闪烁的模式不可预测，它将一遍又一遍地召唤我们的关注……

类似的，困在车流中会让人恼火，因为拥堵的车流没有统一的模式（走走停停，停停走走，有时走得略快，有时又猛然停下）。

我们还会对一些原本并不希望形成习惯的东西习以为常。例如，你上一次注意到网页顶端的横幅广告，是在什么时候？你兴许早就学会了在脑海里自动屏蔽它们。网页设计师将其称为"横幅视盲"。眼动追踪研究（Nielsen，2007）证实人们不仅不仔细留意横幅广告，甚至经常完全忽视它们。（在网站和电子学习课程中为学习者提供的资源和参考材料，也会遭遇同样的情况！）

启示

·**一致性是有用的。**一致性是一种有用的工具，可以让学习者做事更容易。例如，如果让技术手册的每一章都使用相同的基本格式，学习者就会习惯这种格式，不需要花费精力反复适应不同格式。这样，他们就可以把焦点放在章节的内容上。

·**太过一致也不好。**前后太过一致，学习者就会习以为常，所以需要改变学习方法和信息呈现的方式。例如，如果一套电子学习程序每次都在相同的位置给出相同类型的反馈，那么学习者就会逐渐忽视它。如果反馈是泛泛而言的"干得好"，那么就更容易被忽视。太过一致的另一个例子是上面提到的"横幅视盲"。

·**恼人的变动同样糟糕。**尽管有些变动有助于保持学习者的注意力，但无意义的变动只会惹人厌烦。例如，如果让电子课程的反馈框随机弹现在屏幕的不同区域，短时间内学习者或许难以习惯它，但它真的会令人感到烦躁。针对不同类型的学习内容设置不同的反馈格式，或者使用不同的学习活动来保持内容的趣味性，这种做法更可取。变动是维持注意力的有效工具，但要仔细斟酌它的应用方式，让它出现得有意义。

为了解某些内容是否太过一致，最好的方法是进行测试。观察学习者对纸质资料或电子资料的反应，或者对一个班级进行试点。如果学习者的注意力不集中或者对学习材料视而不见，就表明他们已经开始忽略这些元素了。

短期记忆

一旦某件事吸引了你的注意力，它就会进入你的短期记忆，也称工作记忆。如果它成功地进入了你的短期记忆，可能是因为：

- 它对你很重要；
- 你正在主动寻找它；
- 你需要对它采取行动；
- 它让你感到惊讶或出乎意料。

工作记忆的持续时间相对较短，容量也有限，但你几乎整天都在不停地使用它。

你保留了什么

举个例子。假设你正在判断今天穿什么去上班。你瞥了一眼天气预报（凉爽，有雨）和日程安排（客户会议）。翻检衣柜时，你从短期记忆中检索到这两件事。你还会从长期记忆中检索一些信息，例如会议室总是很热，又如黑色的西装被送到洗衣店去了，因为上次被沙拉酱弄脏了。

短期记忆里的新信息	从长期记忆中检索的信息
凉爽的雨天	会议室总是很热
客户会议	黑色西装在洗衣店

当你决定采用叠穿方式时，这些信息都被整合到了一起。短期记忆会在你处理完信息后立刻丢弃大部分信息，比如咖啡店的 Wi-Fi 密

码。又如，你需要走高速公路的几号出口，或是你反复背诵的电话号码（但等你一完成拨号，你就把它忘了个精光）。

所有此类信息，就是你能将其保存在短期记忆中以备使用的信息。如果需要将其保存更长的时间，就需要重复记忆。

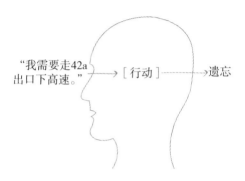

"我需要走42a出口下高速。" → ［行动］ → 遗忘

重复会刷新短期记忆中的信息。如果不断重复记忆某个知识和信息，它最终会变成长期记忆，但这并不是最有效的方法（我将在后文中介绍更好的方法）。如果只是机械重复，但信息对学习者来说缺少意义，它们也很难被检索和运用。

让我们来看看以下三条你可能会从早间新闻广播中听到的信息。

信息：温度为 12℃。

影响留存的因素：

- 是否不寻常？如果今天的天气跟前几天有明显的不同，会更容易引起你的注意。
- 它对你重要吗？如果天气影响你对这一天的安排，你会更好地保留它。
- 这是你熟悉的制式单位吗？如果你平常使用华氏温度，会不太容易记住摄氏温度，因为你不知道它是否意味着你需要穿上外套。

对于这条信息，你记了一整天，但过上几天或几个星期，你仍然不能记住。除非这个日子很重要，比如是你哥哥结婚的日子。

信息：道琼斯工业平均指数上涨 56 点，涨幅 0.5%，至11 781 点。

影响留存的因素：上面的问题同样适用。它是否与前几天的情况或预期形成了对比？它对你是否很重要？比如你在金融市场工作，或者你正等着卖出一些股票？

信息：康涅狄格哈士奇女子篮球队以 59 比 71 输给了斯坦福红衣主教队。

影响留存的因素：除非你关注美国女子大学篮球赛，或者你知道这是康涅狄格哈士奇女子篮球队在创造了 89 场连赢纪录之后输掉的第一场比赛，你才可能保留这一信息。如果你没有这样的知识背景，或是比分对你来说没有任何意义，你恐怕也记不住这一信息。

短期记忆的局限性

短期记忆能保存多少信息呢？人们对短期记忆的极限容量做过不少研究，有一项广为人知的统计数据是短期记忆可保存 7±2 个项目，但真正的答案是看情况。（Miller，1956）

很有可能，不回过头去再看一遍的话，你无法重复前文列出的所有数据（温度、道琼斯指数和比赛分数）。你做不到的主要原因是，这些数据对你来说没有意义，只不过是本书所举的例子罢了。另一个原因在于信息量。它们涉及几个没什么关联的事实（12℃，道琼斯，56 点，0.5%，11 781，康涅狄格哈士奇女子篮球队，斯坦福红衣主教队，59：71）。这些信息片段，超过了大多数人在不借助记忆辅助设备时的记忆容量。

朗读这个数，接着闭上眼睛，试着重复：

6718

做得怎么样？十有八九，你能很好地记住这个简短的数。4 个不相干的数字，通常而言处在短期记忆的容量限制之内。

现在试试这个数：

934871625

这个有点难，对吧？兴许你能记住 9 个数字，但如果你漏掉了几个，它们大概率来自这串数字的中间。这就是首因性和近因性效应的一个例子。也就是说，我们有更大的概率记住序列或列表开头的东西（首因性），也更有可能记住离我们最近的东西，比如列表末尾的东西（近因性）。

好的，再来试试这个：

100500800

这简单多了，对吧？数字的位数一样，只是分成了块。你记住的不再是单个的数字，而是这样的东西：

［前三位数字］＋［中间三位数字］＋［后三位数字］

这是三个信息块，而不是九个独立的信息块。

更简单的是：

123456789

因为你已经知道怎样从 1 数到 9，所以，这只是给出一个大的信息块：

［顺数 1～9］

分块记忆是基于事物的相似性、顺序或者本来就储存于长期记忆里的项目。

例如，试试这个数：

612 651 763 952

很可能，这12个数字对于你的短期记忆来说太多了。但要是你恰好住在明尼阿波利斯的圣保罗区，记忆这串数字就容易多了：它们是当地的电话区号。

这对学习设计意味着什么

现在谁还要记一长串数字呀？不是人人都有手机了吗？拥有了可以辅助记忆的设备，我们很幸运，大多数人不再需要记住随机数字串了（这是一件好事，因为人类在这桩任务上的表现一贯很糟糕，而电子设备却对此非常擅长）。

但在学习中使用分块记忆（无论是大量数字，还是大量文本信息，甚至是视觉信息）能帮助学习者管理短期记忆，让他们知道在任意时间点上应该把有限的注意力集中到什么地方。

假设你正在教某人一种流程，比如怎样烤制苹果派，请看以下步骤：

> 把面粉和盐混合到一起。
>
> 将黄油和水冷却。
>
> 在面粉中加入黄油，用糕点搅拌机搅拌至粗面包屑状。
>
> 加入足够的水，直到面团几乎粘在一起。
>
> 把面团切成两半，揉成两团。
>
> 用保鲜膜把面团包起来放入冰箱冷藏。
>
> 削苹果。
>
> 苹果去核，切成半厘米厚的片。
>
> 将苹果与糖、柠檬汁、肉桂和少量面粉混合。
>
> 将一块面团擀至比烤盘略大的圆形。
>
> 把面团对折，放入烤盘。
>
> 把面团压入烤盘。

用苹果混合物填满苹果派的外皮。

把另一块面团搓成一个圈。

把面团放在苹果派上，边缘卷起。

在面壳顶部戳几个蒸汽孔。

在 350℃ 的烤箱里烤 45 分钟。

步骤很多，对不对？要处理的信息似乎太多了。如果学习者对烘焙有些许认识，就能够以更有意义的方式来处理上述信息。但要是学习者没有太多糕点制作的背景知识，那么，这份列表可能很快就会让他们不知所措。

列表里没有线索告诉他们该在何时停止阅读新信息、处理现有信息。素材也没有更高级的组织方式，它是一份纯粹的漫长步骤列表。而这，正是我们需要寻找机会，将信息分块处理的原因。

发面团：

把面粉和盐混合到一起。

将黄油和水冷却。

在面粉中加入黄油，用糕点搅拌机搅拌至粗面包屑状。

加入足够的水，直到面团几乎粘在一起。

把面团切成两半，揉成两团。

用保鲜膜把面团包起来放入冰箱冷藏。

准备苹果馅：

削苹果。

苹果去核，切成半厘米厚的片。

将苹果与糖、柠檬汁、肉桂和少量面粉混合。

制作苹果派：

将一块面团擀至比烤盘略大的圆形。

将面团对折，放入烤盘。

把面团压入烤盘。

用苹果混合物填满苹果派的外皮。

把另一块面团搓成一个圈。

把面团放在苹果派上，边缘卷起。

烘焙：

在面壳顶部戳几个蒸汽孔。

在 350℃ 的烤箱里烤 45 分钟。

哪怕只是把步骤分为四类，也能让人们更容易记住和处理整个流程。分块记忆并不能神奇地让学习者记住整份食谱，但可以帮助他们在特定的时候专注于某个部分。每个部分的步骤只有保留在短期记忆中才更为现实。

短期记忆是长期记忆的看门人。如果初始信息超过了短期记忆的负荷，它就不太可能转变为长期记忆。

长期记忆

最终，在学习某样东西时，我们真正想要的是让这些信息变成长期记忆——稳稳当当地储存在大脑里，并且便于检索。

把它放在哪里

你记住的任何事情，都将成为信息链的一部分——你没法储存和大脑中的已知信息没有任何关联的一切东西（你没法在孤立条件下学会任何东西）。

例如，你刚刚学到德语中表示"八字胡"（mustache）的单词是"Schnurrbart"。现在，很有可能你并不在乎这一信息，你会让它从你的短期记忆中毫无痕迹地消失。

但假设说，某个原因使你需要记住这一信息［比如要参加德语词汇考试，或者你对发音跟 sneezes（"打喷嚏"）类似的单词很着迷，又或者你对欧洲人的胡子流行趋势感兴趣］，你会怎样对它进行编码呢？

这当然取决于你的记忆衣柜的结构，以及你用来储存这一信息的搁架属于哪种类型。好在你无须选择单一的关联——你可以在上述所有搁架上同时储存这一信息。

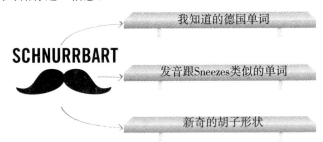

更多和更好的关联能让信息检索起来变得更容易。如果你对这个单词没有良好的存放系统，那么你可以为它创造一种辅助记忆法，比如编造一个小故事：在搭乘湾区捷运系统 BART 的时候，你坐在一个留着精心修剪的八字胡（mustache）的德国人（German）对面。如果你本来就懂德语，兴许不需要辅助记忆法，因为你对这个单词已经有了更复杂的存放系统，包括该单词各部分的词根含义（如"bart"在德语中是"胡子"的意思），或者其他关联。你检索信息的能力取决于信息储存在记忆衣柜里的状况。

多层搁架

信息存放的搁架越多，检索起来就越容易。

让我们以两个 5 位数为例：我妈妈的邮政编码和我毕业后第一份工作的薪水。

对于第一个数，我没有多少层搁架可以存放：

我妈妈的邮政编码
我知道的邮政编码

我不经常使用这串数字，也没有很多方法来访问该信息（我要么记得，要么不记得）。事实上，最近我真的记不住它了，不得不从外部资源（比如通讯录或手机上的联系人文件）中获取。基本上，我只有这一种方法可以找到这串数字。如果它不管用，我就别无他法了。

不过，我毕业后的第一份薪水这个 5 位数就有意义多了，它可以存放在好几层搁架上。

于是，我有很多种方式来访问该信息。我知道，它几乎是我读研究生前的两倍，比我一个同等学位的朋友少 10%（她是个很擅长跟雇主谈判薪水的人），我还知道它跟我眼下的薪水相比是个什么情况。

信息能存放的搁架越多，未来就有更大的可能检索到。这就是抽认卡一类纯粹的记忆任务所存在的问题——你学到的东西，往往只有一层搁架可以存放（"我记住的东西"搁架），这让它们难以检索。

结构糟糕的搁架

一些搁架弱不禁风，信息很可能会从缝隙中遗漏。举个例子，几年前，我想趁着去日本旅行前学点日语。我的日语词汇搁架并非坚固的木头架子，而更像是松松垮垮的铁丝架。我小心翼翼地把为数不多的词汇和短语放在上面，但它们经常从缝隙中溜走，等我下次检索的时候，就根本找不到它们了。

我的日语搁架之所以摇摇晃晃，部分原因在于，我对日语没有太多的背景知识。如果我想学的是西班牙语，我的搁架会更结实，哪怕我同样是初学者。我对西班牙语所有背景知识的了解（比如，西班牙语有着和英语相同的拉丁语词根；西班牙语跟意大利语关系密切，而我又刚好会一些意大利语；此外，我小时候通过电视《芝麻街》栏目看过好几年的西班牙语动画片），会让我的西班牙语搁架更稳固。

拥挤的搁架

搁架拥挤可能是因为没有专事专用。如果信息很多，却没有足够成熟的结构用于组织信息，就会发生这种情况。这让精确检索信息变得更加困难。

举个例子，我的爵士乐搁架就很拥挤。这不是因为我对爵士乐知道得很多（我知道得恰恰不够多），而是因为我对爵士乐所知的一切（具体的艺术家名字，一首听到就能让我微笑的曲子，特定的爵士乐风格诞生的时期），都塞在一栏名叫"爵士乐"的搁架上。这意味着我很难检索关于爵士乐的具体信息。

对比而言，我的"（20世纪）80年代流行乐"搁架，就搭建得非常好。我有各种各样的搁架：不同的流派、美国乐团、英国乐团、重金属、美国风、MTV、唱片、我拥有的黑胶唱片上的歌曲、我拥有的录音带上的歌曲、我听过演唱会的乐队，等等。

无意识搁架

有时候，关联是无意中建立起来的。例如，几年前，我在华盛顿特区，住在离房利美①大厦几个街区外的地方。当时，新闻上正热火朝天地讨论这家抵押贷款机构。大厦前有一片茂密的薰衣草花圃，每当你走过，总会闻到薰衣草的味道。

如今，"房利美"永远都搁在我的薰衣草搁架上。反过来说，一说

---

① 房利美是美国最大的政府资助企业，主要业务是在美国房屋按揭贷款二级市场中收购贷款，并通过向投资者发行机构债券或证券化的按揭债券，以较低的成本集资，赚取利差。——译者注

到薰衣草，我就会想起房利美。

这种情况其实经常发生，只是我们往往意识不到。大脑会利用我们的所有感官（视觉、听觉、触觉、味觉和嗅觉）创造无数种关联（我们可能意识得到，也可能意识不到）。

虽然这些关联在某种程度上是随机的，但它们仍然是我们检索信息时所使用的关联的一部分。让我们看看这些关联是怎样被实际运用的。

背景沉浸式学习

你参加了本地大学的一门课程，下周有一场随堂测试。什么地方最适合复习备考？

1. 在一棵沐浴着阳光的宁静大树下。
2. 在灰蒙蒙、没有窗户、空调发出嗡嗡声的教室里。
3. 在光线充足的安静图书馆里。
4. 在一家嘈杂的咖啡馆里。

答案可能会让人感到意外：2. 在灰蒙蒙、没有窗户、空调发出嗡嗡声的教室里。是的，就是在这样一间教室里。为什么呢？因为你学习的环境会跟你所学的内容建立关联。如有可能，你会希望自己编码信息的环境跟日后检索信息的环境大致相同。

对于需要在特定背景中检索的信息也是如此，比如有关工作岗位的信息。学习离应用信息的环境越远，用来存储信息的搁架就越少。

教室背景有助于记忆，仅限于需要在教室里检索信息的情况。但我们会在教室里学习各种各样不在教室环境中应用的信息。修水管、新闻学、地质学、危险材料处理等各类主题，都是在与主题应用环境截然不同的背景下学习的。

学习背景　　　　　　　　应用背景

我们喜欢在宽敞的教室里上课，而远离知识的应用环境，这对学习者来说是在帮倒忙。

在内心深处，我们早就知道这一点。一旦关乎性命，培训几乎总是采用背景沉浸式学习。哪怕学习背景是模拟出来的（为了学生的安全，或为了周围人的安全），但它仍然是丰富的、与应用背景高度相似的。模拟飞行、汽车驾驶训练都是背景沉浸式学习的例子。

如有可能，你会希望自己编码信息的环境跟日后检索信息的环境相同。

要是驾驶培训不包括上路实操环节，肯定无法想象吧？我们绝不会认为，一个没有实际驾驶经验的人，也能成为安全驾驶的司机。总有一天，模拟器说不定会变得足够好也足够廉价，足以取代上路实践。但至少在今天，我们理所当然地认为学习驾驶要在实际环境中练习。

那么，为什么其他情况下就可以接受脱离背景的训练呢？通常，这与便利性、成本或者实用性有关。这些都是非常现实的限制因素。

例如，到真实的服务器托管机房教服务器管理当然很好，但恐怕没法在衣柜一样大的房间里挤下 30 个人。

如果实际的限制因素使学习无法在实体空间进行，就需要模拟背景环境。例如，如果这门课是关于计算机服务器的实体安装架设，它就应该涉及与设备的实际接触，哪怕它没法在服务器机房里开展。

然而，很多时候，由于习惯、传统或缺乏意识，人们仍然会在一个脱离应用背景的环境（比如一间没有特色、空荡荡的教室）中学习。尽管存在许多实际限制因素，但还是有各种办法能让学习环境更贴近应用环境。让我们想一想，在以下场景中，可以怎样改善或丰富学习背景？

场景一：设备功能

假设你要让消费者了解一款新手机的功能。该怎样让它成为一次有着丰富背景的学习体验呢？

——花点时间思考你会怎么做，再接着往下读——

理想而言，学习者会在真实的手机上对这些功能逐一尝试，这是学习体验的一部分。此外，在针对消费者设计的实际应用场景中了解手机的相关功能，可以让学习背景变得更逼真。所以，学习体验必须是一种人们会从事的真正任务（给朋友发短信，输入工作联系人），而非功能导览。

场景二：健康餐

学校给老师布置了一项任务：教大学生怎样制作营养均衡的膳食。老师该怎样让它成为一次有着丰富背景的学习体验呢？

——花点时间思考你会怎么做，再接着往下读——

学习体验应该尽量贴近最终的应用场景。这可能意味着要在简陋的宿舍厨房里操作，使用当地连锁超市的廉价烹饪设备，提供实际的进食反馈。还有一种做法是，向学习者们发起挑战，让他们想办法从冰箱现有的存货里找出能制作健康膳食的食材。

场景三：沟通技巧

假设你正在创建一门课程，教快餐店的经理为员工提供建设性反馈。你该怎样让它成为一次有着丰富背景的学习体验呢？

——花点时间思考你会怎么做，再接着往下读——

思考反馈是在什么场景下提供的，并借助角色扮演来练习。例如，让学习者完成一场头脑风暴，想一想在每个场景下会表扬什么样的行为，从而为他们创建触发因素。学习者也可以自己拟定一份清单，列出要寻找什么样的行为，要到哪里寻找这样的行为，以及寻找到之后该怎样给予反馈。

情绪背景

最难创建的一类学习背景是情绪背景。

以员工反馈为例。假设你和其他学生在一个班级，你们正在学习给予棘手反馈的原则。教室里的气氛如何？所有人兴许都很平静，没有人感到不安。大家严肃、深思，与教室环境很相宜。

现在，想想这类知识的应用背景是什么样的。很可能，你很紧张，甚至感到焦虑。你正在对话的人，可能不太开心，很烦躁，甚至怀有敌意。

在本例中，学习知识和应用知识时的情绪背景极为不同。在学习时，很多事情似乎都很合理。比如，在应对有敌意的员工时，保持冷静，在陈述句中多用第一人称"我"，认同对方的观点，等等。

但当你真正面对一个非常愤怒的人时，所有之前学习的原则都被你抛到脑后，战逃反应涌上心头。一旦"性命攸关"，你没法用"我"造出任何可信的陈述句来。

我们或许已经做好了知识、规则、流程方面的准备，但却不能在陌生的情绪背景下正确运用所学。

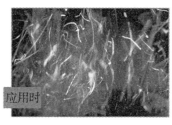

我相信，这就是很多学习达不到效果的原因。你是否曾对自己说过，"我知道该怎么做，但是……"？如果编码和检索信息的背景有着很大的不同，知和行之间就可能存在巨大的差距。

对于很多学习，学习时的情绪背景和应用时的情绪背景都有着巨大的差异。我们有可能在极为紧张或带有强烈情绪的状态下尝试检索信息：

压力或情绪高涨的环境，会使我们难以检索大脑中的信息，而更多地依赖自动反应。于是，在平和的情绪背景下学到的东西，很难运用到激烈的情绪背景下。

那么，在学习设计中应该怎样创造适当而有效的情绪背景呢？这里介绍几种方法：

- **借助角色扮演。**尽管我们知道它不是真的，但角色扮演仍然是创造情绪背景的有效方式。如果能让学习者很好地扮演相应的角色，那么它会特别管用。虽然学习时的情绪背景和应用时的情绪背景并不完全一样，但不妨参考这个例子：只要你练习大声地说出单词，就能让它们在现实生活中更容易被回忆起来。
- **制造压力。**有时候，加入类似的压力元素（虽说压力并不一样），能产生类似的情绪。例如，严格限制回答时间能制造时间压力，而这跟其他压力类型下的情绪背景很相似。不过，采用这种方法时应该小心。适度的压力能提高学习者的注意力和反应灵敏度，过度的压力和紧张情绪则会妨碍新的学习。如果学习者运用知识的环境是十分紧张的（如紧急情况），那么，学习者可能需要先在压力较小的环境里练习，接着再切换到压力更大的环境中。

· **在高质量的故事和表演上有所投入。**如果学习资料十分重要，可以寻找优秀的演员或配音演员，做好强烈的情绪铺垫。

信息需要怎样被检索

检索信息时，学习者是只需识别它，还是必须回忆起它，运用它做一些事情？

信息最好是能按照和真实应用环境一致的方式进行编码。

如果学习者只需识别出相应的信息，那么，识别活动就是学习和练习的好方法。如果学习者需要主动回忆某件事，那么就不能仅仅通过识别，还需要通过回忆来学习和练习。

以下哪个问题更容易回答？

问题 1："pool"（水池）的法语单词是＿＿＿。（填空）

问题 2："pool"（水池）的法语单词是：

a. Roman　b. Piscine　c. Plage　d. Plume

问题 2 比较简单，对吧？从一组选项中识别出正确答案，几乎总是比回忆出答案更省力。

学习体验往往严重依赖于多项选择题等识别活动。在电子教学中尤其如此，因为电子教学需要用计算机来评估学生的答案正确与否——这基本上是出于实用性而做出的选择。识别活动更容易评分，而且，计算机还可以代替人工完成评估。而回忆活动往往需要人来评估。

有关回忆的例子

请看 109 页有关学习心肺复苏术的三个例子。这些学习设计好吗？好（不好）在哪里？停下来判断哪个学习设计最好，再接着往下读。

心肺复苏术需要记住正确的步骤和正确的操作方法。这三个学习设计中的活动，全都不需要回忆信息，而只需识别信息。

虚拟患者模拟训练最接近真实的应用场景，但学习者在实际操作时仍然需要简单地做一番猜测。比如，在电脑屏幕上点击患者的虚拟胸部，完全不同于向真正的患者胸部施压。

这些学习设计可能让学习者有良好的学习体验，但并不能让他们像实际操作时那样回忆步骤。

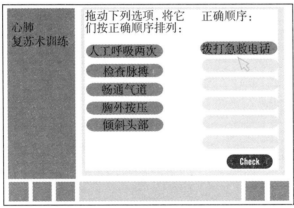

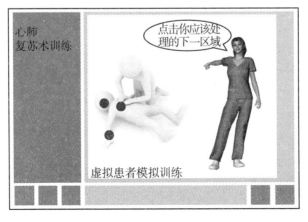

那么，学习设计怎样才能更贴近应用背景呢？

· 确保练习中包括了回忆或应用。

你知道所有的步骤吗？ 请自我检查：	将以下步骤按正确顺序排列： 人工呼吸两次　＿＿＿＿＿ 检查脉搏　＿＿＿＿＿ 畅通气道　＿＿＿＿＿ 拨打急救电话　＿＿＿＿＿ 胸外按压　＿＿＿＿＿ 倾斜头部　＿＿＿＿＿
回忆活动	识别活动

· 确保练习和评估高度情境化。

· 利用辅助工具，将某项任务从"回忆信息"变成"识别信息"。利用辅助工具，将"回忆步骤"变成"遵循以下步骤"，减少记忆负担。如果使用辅助工具，学习者需要在学习过程中运用它进行练习。我们将在后面的章节中详细讨论这一点。

归根结底，练习需要接近最终的实际操作。如果学习者只需识别出正确选项，那么通过识别活动来练习就足够了。如果学习者需要回忆材料，或是做一些更复杂的事情，比如整合信息，那么学习设计中的练习活动就必须贴近他们最终运用所学的真实情况。

真实知识和感知知识

我们经常以为，能识别出某事就意味着知道某事。然而，我们以为自己知道的事，比我们真正知道的要多很多。

　　所以，我确信自己懂得乘法表，但这种想法有点可疑。我显然知道乘法表的若干部分，也知道一些扩展知识的运用策略（这很幸运，因为如果不具备这些策略，我显然根本就不懂乘法）。

　　假设你正在为一场考试复习备考。你咬着铅笔，读着课本，摇头晃脑——这一切看起来都很熟悉。你这样学习已经有一段时间了，你对整件事情感觉很好。

　　接着，你去参加考试，看到了如下所示的试题：

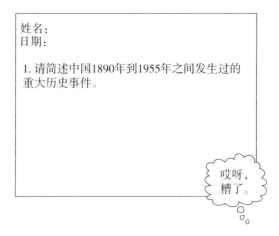

　　你大脑中的识别类知识（它们有可能让你通过一场全是多项选择题的考试）碰到一张近乎空白的试卷（只有一道主观题），一下子就变得不够用了。

　　如果你想从记忆中检索信息，就需要在学习时练习检索（Karpicke，2011）。检索练习早已得到充分研究，它是最有效的学习方法之一。有研究发现，它比传统的学习方法或思维导图更有效。

　　因此，在学习过程中，可以按照实际应用知识所需的方式进行练习。

记忆的类型

前面，我们已经讨论了信息经编码进入长期记忆的方式。但记忆的类型并非仅有一种。实际上，存在若干种不同类型的记忆，它们需要以不同的方式编码和检索。学习主题决定了应该专注于哪些类型的记忆。擅用不同类型的记忆，有助于创造更好的学习体验。

心理学上有一个关于健忘症患者的著名故事，此人没有能力形成新的外显记忆。每回见面，心理医生都不得不重新向她自我介绍，因为患者每次都不记得他。

一天，作为实验，医生跟这位患者握手打招呼时，在手里藏了一个尖锐的小东西。随后，再跟这位医生见面时，患者没有见过他的外显记忆，也需要他再次进行自我介绍。但医生只要伸出手，患者就不乐意。问患者原因，她也说不出自己不愿握手的理由。这表明记忆是以不同的方式处理信息的，人们并不会有意识地察觉自己的所有记忆。

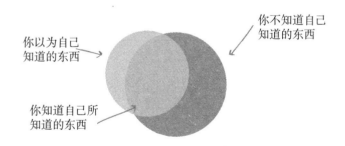

你知道自己所知道的东西——上图重叠区域。这就是你的外显记忆。对于这部分内容，你知道自己知道，如有必要，可以把它说出来。

你不知道自己知道的东西——右方的深灰区域。这就是你的隐性记忆。你知道它，但你无法详细描述它，也不能用有意义的方式把它说出来。有时，这是你忘了自己知道的事情；有时，这是你在无意识中编码进入记忆的东西。就算你不是健忘症患者，你也拥有隐性知识。

你以为自己知道的东西——左上方的浅灰区域。这部分信息仅仅是你以为自己知道的，但在尝试使用这些信息时，你的知识不完整或是构建有误。人人都有这样的知识——这是人类混乱认知的一部分。

在这些大的类目下，记忆还分为许多不同的类型。大脑中不同类型的记忆怎样运作，我们如今仍在深入研究中。这里列出记忆的部分类型：

- **陈述性记忆或语义记忆。**这是你可以说出来的东西——事实、原则或想法，比如二战于 1945 年结束，或是你家的邮政编码。
- **情节记忆。**这同样是一种陈述性记忆，但它建立在你自己经历的故事或回忆之上，比如你毕业时或你刚从事第一份工作时发生的事情。
- **条件性记忆。**和巴甫洛夫的狗一样，不管我们是否意识到，都会对某些触发因素产生条件反射，类似于宠物听到主人喂食前开罐头的声音会感到很兴奋。
- **程序性记忆。**这是关于怎样执行程序（比如开车或演奏钢琴）的记忆。
- **闪光灯记忆。**我们似乎对高度情绪化的事件（比如全国性的大灾难）有着一种特殊的记忆。

不同类型的记忆，都有着不同的特点和不同的应用场景。

陈述性记忆或语义记忆

陈述性记忆主要是指你知道自己知道并且能够明确陈述的东西，比如事实、原则或想法。有时，这些东西是你有意识地放进"衣柜"的，比如乘法表。有时，是你没有刻意要记住却知道的东西，比如我所知道的关于美国女歌手布兰妮·斯皮尔斯的一切。

情节记忆

情节记忆也是陈述性记忆的一种形式。因为你可以把它说出来，只不过，它跟具体事件或你的经历相关。例如，你兴许记得关于狗的许多事情——它们是宠物，有 4 条腿，有毛发，吃狗粮，史酷比是一只狗，等等。

但是你兴许对某只特定的狗存在情节记忆——你小时候养过的狗，或者是你邻居家的狗，又或者是童年时追着你跑的一只可怕的狗。

讲故事

情节记忆特指我们记忆中曾发生在自己生活里的事情。但一个具体的故事哪怕并未发生在我们身上，我们似乎也有一种能记住故事的特殊能力。

《让创意更有黏性》（*Made to Stick*）一书中，两位作者奇普和丹比较了两段话。第一段是一个都市传说：一个男人在酒吧里碰到一个女人，醒来后发现自己在一个装满冰块的浴缸里，还丢了一个肾。第二段是介绍非营利组织的投资回报率原理或者类似的东西。

读完这本书的几年后，我仍然记得第一段都市传说里的几个突出细节，第二段话则完全不记得了。造成这种情况的原因有很多，但很大一部分原因是第一段话是一个故事。

故事能深深地印刻在我们的记忆里，有以下几个原因：

- **我们有专门的故事框架。**我们所有人从小听到的故事都有着一套共同的框架。不管我们是否意识到，在每一种文化里，每当有人给我们讲故事，都有一些我们期待听到的共同元素。故事要有开头、中间和结尾，要有铺垫、人物简介和背景环境。此外，故事的要点也不可或缺。每当这些要点出现，通常很容易识别出来。在"怎样讲故事"的衣柜里，以上这些搁架为我们提供了存储信息的地方。

- **故事是有逻辑的。**如果我随机告诉你关于网球的 10 个事实，那么你需要耗费认知资源，以某种方式来组织这些信息，比如按项目分组，或使用其他的某种策略。但如果我给你讲述一个扣人心弦的网球比赛故事，其中有 10 项重要事件，那么这些事件的发生顺序就帮你完成了大量的组织工作。此外，故事里的事件还有内在逻辑（从逻辑上讲，在一个关于"今天真糟糕"的故事里，掉了一盒鸡蛋的情节，不可能发生在去杂货店买东西之前）。

- **故事有人物。**我们有很多搁架可以存储人物的性格、特点等信息。如果故事跟我们认识的人有关，那么，我们就立刻有了所有背景信息。这让我们更容易记住，也对人物会有怎样的行为有了预期。如果人物的行为方式与你的假设存在冲突，那么，人物就脱离了你的预期。而这又让人感到意外和新颖，因此故事情节会让你更加难忘。

你更有兴趣知道以下哪些信息？

是左边的，还是右边的？

保险流程

一个关于吉姆的故事。这名少年在一场车祸中受伤，他的家人怎样处理后续问题？

查询数据库的步骤

一个关于卡拉的故事。卡拉是一名新员工，副总裁打电话来，紧急要求更新报告。但这时，办公室里只剩下卡拉一个人了。

人力资源最佳聘用实践

一个关于马可的故事。马克是一家公司的招聘经理，他因为招聘时存在歧视行为遭到了起诉。

条件性记忆

你开车行驶在高速公路上，从后视镜中看到一辆警车在你身后。

快问快答：你会怎么做？

你会放慢车速，对吧？哪怕警察对你一点兴趣也没有，你也仍然会减速，即便你本来就没有超速。

这是怎么回事呢？兴许你根本没有想过，"唔，我后面好像跟着一位警官。我恐怕应该减速！我想，我还是缓缓松开油门吧……放轻松……"不，它大概更像是"哇！"接着你就一脚踩下了刹车。

你看到警车的刺激，是你对看到的东西产生的一种很自然的反应。这就是所谓的条件反射。

条件反射是内隐记忆的一种反应形式。

在你大脑的某个地方，存储着一个你不见得能直接访问的部分，那里的公式如下：

如果看到警车 → 那么要规范驾驶

每个人的记忆里都有一些根深蒂固的反应。许多是通过无意识的联想或刻意练习获得的有用反应：

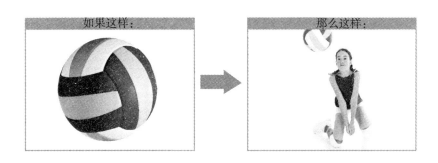

如果这样： → 那么这样：

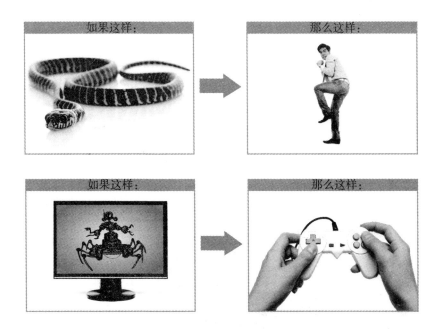

有些行为不需要花太多精力编码，比如看到蛇就躲开。还有一些，我们是通过练习和重复，有意识地习得的。

程序性记忆

程序性记忆是指有关做某事的步骤的记忆。

你所知道的一些做事流程，是有意识地习得的，你可以明确地说出每一个步骤。但还有大量的程序性记忆是内隐的。

你是否有过下面的经历？

- 知道怎样去某个地方，却不会给别人指路。
- 每天下班都开车回家，却发现自己完全不记得开车的过程。
- 如果不用真实的键盘输入，就无法回忆起某个电话号码或个人识别码。
- 你以为自己已经向某人解释了某项任务的所有步骤，但在它行不通之后才意识到，你忘了提到一些关键细节。

这些都是利用无意识的程序性记忆的例子。你反复练习一套流程，把它变成了无意识的习惯。这一点十分重要，因为它可以解放有意识的注意力，让你将其投入到其他事情上。

你还记得自己最初学习开车的场景吗？你做的每一件事都需要全神贯注。

哪怕你是一个非常优秀的实习司机，你仍然是个蹩脚驾驶员，因为你始终需要把大量的注意力放在方方面面，直到你完成足够的练习，能自动地执行部分步骤。注意力是一种有限资源，新手司机把它分散得太厉害了。幸运的是，他们很快就能自动化地处理一些事情，把更多的注意力放在避免撞车、避开行人等关键问题上了。

当然，你有可能开了很多年的车却仍然是个蹩脚驾驶员，但那恐怕是出于其他方面的原因。

自动的程序性记忆与肌肉记忆的概念相关，后者虽然名字里带着"肌肉"二字，但实际上仍然是一种大脑功能。肌肉记忆指的是对一些特定任务的程序性记忆。这些任务，通过练习会学得很好，最终无须付出任何明显的有意识的努力。

你获得肌肉记忆，靠的是练习、不断练习、不断地重复练习

（这个过程叫作过度学习）。这么做的极大好处是，你可以在不消耗大脑意识资源的条件下完成任务，把这些资源腾出来分配给其他事情。

向别人说明上述类型的任务往往很难，因为你不是通过明确的语言方式学习它们的。你可能十分清楚地知道怎样根据风力条件调整高尔夫挥杆，但就是没办法向别人清楚地解释。你或许可以解释完整的动作，但却说不清其中的微妙之处（时机、多大的压力、你知道做对了时的感觉）。

闪光灯记忆

几年前，我家附近的一座高速公路大桥在交通高峰时段发生坍塌，导致十几个人死亡、一百多人受伤。当时，全国媒体对此做了广泛报道。

我清楚地记得，得知此事时，我正在什么地方。我当时在公司会议室里起草一份会议提案。灯光暗淡，一名清洁工走进来，告诉我那座桥的消息。我记得自己当时坐在什么样的椅子上、我正在起草的提案的所有细节、我浏览了哪个网站以获得更多的事故消息等。

这类充满情绪的生动记忆，就叫作闪光灯记忆。举例来说，很多人都能准确地回忆起自己在听到"9·11"恐怖袭击事件时正身处何处。

那么，产生这类记忆的原因是什么？它跟学习有什么样的关系？

许多人相信，闪光灯记忆是大脑为了帮助人们生存而发展出来的一部分能力。

如果你从一场生死攸关的遭遇中逃生，你一定想要记住自己是怎么做到的。记住你怎样从熊爪下幸免于难，比记住你把石头放在了哪里有着高得多的生存优先度。就算你忘了所有的日常琐事，也不见得会死。但要是你第二次碰到了熊，却忘记了第一次遭遇它时的关键信

息，这恐怕会害得你丧命。

忘了关键信息也不会
害死你的事

忘了关键信息能够
害死你的事

通常情况下，你需要投入时间、努力、大量的重复练习才能让某事进入长期记忆。但在情绪高涨的环境中，记忆的闸门会打开，吸收与该事件相关的时间流内的所有信息。有时，时间就像静止了一般。

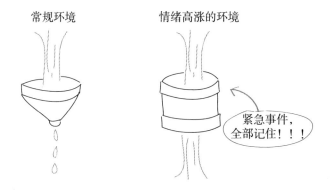

为什么在紧急情况下时间似乎会变慢？有一种理论认为，你在那些焦灼瞬间里记住的东西，比常规环境下用同样多的时间记住的东西要多得多。（Stetson，2007）

尽管我并未亲身经历桥梁坍塌或恐怖袭击一类的事，也并未在其中受伤或受到威胁，但光是听到这类事情，似乎就足以强化我的记忆了。

即使是在没那么可怕的情况下，情绪好像也会对我们的记忆产生影响。我们将在后面的章节中重新探讨这一点，并考察利用情绪强化记忆的具体方法。

重复和记忆

除了极少的例外，学习几乎总是需要练习和重复。由于某种原因，它们是学习设计中最容易被忽视的一些方面。你听到过类似于下面的对话吗？

> 甲主管：工作人员还是会把空墨盒扔掉。
>
> 乙主管：我跟他们说过别这么做。看，培训陈述第 22 张幻灯片上的第三点写得清清楚楚。

在你学习新东西时，大脑的神经元之间会形成连接。

就如同人们反复走过同一块地，使得这块地上逐渐形成了小路。每当学习者再次接触这些学习材料时，大脑中形成的连接也会不断加强。

得到强化的连接会变得更牢固、更持久。而且，跟交通流量减少的小路一样，未能得到强化的连接，大多也会淡化或无法恢复。重复和练习是长期保留大部分所学知识的必要条件。

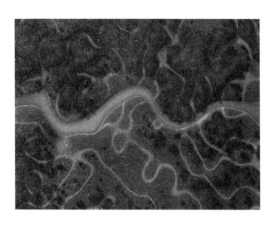

此外，对学习设计者来说，弄清楚不借助单调的重复手段如何巩固知识也很重要。我们知道，多次接触一个概念，能提高这个概念被充分保留在记忆中的概率。但（这个转折很关键）习惯化原理又告诉我们，人们排斥重复不变的东西。

在后面的章节中，我们将考察怎样强化概念，同时避免冗长的重复。

蛮力记忆好吗

那么，既然重复如此关键，为什么把事情记住仍然这么叫人生厌呢？难道还应该更强硬一些，利用大量的重复把信息硬塞到学习者的脑袋里吗？

我上大学的时候，曾选修过一门建筑课。教授讲解了早期的教堂建筑。她解释说，建造教堂的人想把教堂尽量修得高一些，因为他们相信高高的天花板能增强信徒的宗教信仰。

教授说，有两种不同的方法可以把建筑修得很高：要么是运用巧妙的工程技术支撑墙壁，要么是直接把墙壁造得足够厚。

依靠纯粹的死记硬背的方式，把知识硬塞到学习者的大脑中，相当于筑起厚厚的墙壁——这么做一点儿也没错，它确实有效，但需要花费大量的资源，而且是一种很笨的办法。

重复记忆存在的最大问题是，它经常只把信息存放在一层搁架上：

信息片段
我记住的东西

如果通过应用来学习某样东西，学习者就会把信息存放到多层搁架上，并学会怎样在多种背景下运用该信息。

而如果一遍又一遍地重复某事，最终长期记忆里的确会留下深深的痕迹，但这种方法也存在一些局限性：

- 信息只存放在一层搁架（基本上也就是"我记住的东西"这层搁架）上，被检索、整合、应用的概率较小。
- 学习者没有在多种背景下运用该信息的经验，因此也就难以把这一信息迁移到不同的应用情境下。
- 学习者大概只能按照学习某事或记忆某事的顺序来调取该信息，而不能随机检索。这比直接提取相关信息要慢得多。

小 结

- 记忆依赖编码和检索。因此，需要考虑知识和信息怎样编码才能进入学习者的长期记忆，学习者之后要怎么做才能检索到它们。

- 学习者每天要面对大量的信息输入。学习内容只有对他们有意义，才能吸引他们的注意力。

- 单调和不断重复的学习内容会让学习者习以为常，因此，学习设计切不可陷入单调和重复之中。

- 短期记忆是有限度的，大量的新信息很容易让初学者感到不知所措。规范新信息流或将新信息流分块，让它更便于记忆。

- 学习者只会在需要运用时保留短期记忆中的信息。让学习者运用相关信息做一些事，能让他们将信息保留更长时间，提高信息编码进入长期记忆的概率。

- 长期记忆的组织归类，能提高学习者检索信息的能力。如果信息存放于多层搁架上，就更容易检索。

- 让学习背景贴近应用所学时的情绪背景，有利于学习者在实际操作时检索信息。

- 讲故事利用了学习者现有的心智模型，因此，以故事形式给出的信息比其他类型的信息更容易实现长期记忆。

- 重复有助于信息编码进入长期记忆，但它也有局限性。重复对学习者而言冗长乏味，而且并未提供更多的信息存放搁架。

- 记忆分为很多不同的类型。擅用多种类型的记忆，有利于创造更好的学习体验。

第五章

吸引注意力

大脑中直觉、情绪、本能的部分就像大象。学会与大象对话。

没有注意力，什么体验都没用

你是这样的学习者吗？

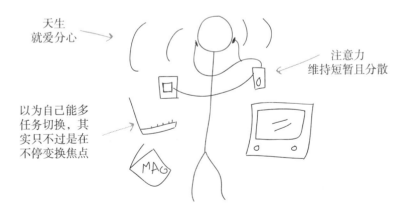

天生
就爱分心

注意力
维持短暂且分散

以为自己能多
任务切换，其
实只不过是在
不停变换焦点

MAG

在如今这个一天 24 小时都分心的世界里，人人几乎都是这样。想要占用我们的时间和注意力的事情实在是太多了。注意力非常重要，对吧？如果注意力不集中，那么不管创造了什么样的学习体验，学习者都很难从中有所收获。

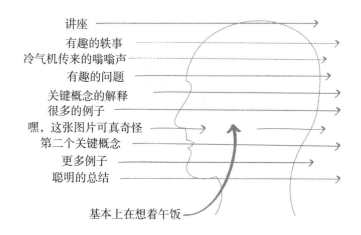

那么，怎样才能吸引学习者的注意力呢？要做到这一点，得学会与大象对话。

与大象对话

乔纳森·海特（Jonathan Haidt）在《象与骑象人》（*The Happiness Hypothesis*）中提到大脑时，以骑象人和大象打比方：

> 骑象人是……有意识的、受控制的思想。相反，大象则是其他一切。大象包含直觉、情绪和本能反应，它们构成了自动系统的主要组成部分。

他认为，大脑中有两个独立的部分在进行控制：其一是有意识的、语言的、思考的大脑，其二是直觉的、情绪的、本能的大脑。

骑象人：
有意识的、
语言的、
思考的大脑

大象：
直觉的、
情绪的、
本能的大脑

(Haidt, 2006)

骑象人

大脑中骑象人的部分是理性的"斯波克先生"①。它控制冲动、计划未来。骑象人会告诉你各种有用的东西，而且你知道它们将带来长期的益处。

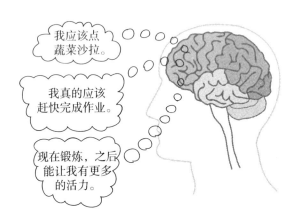

我应该点蔬菜沙拉。

我真的应该赶快完成作业。

现在锻炼，之后能让我有更多的活力。

---

① 指科幻系列剧集《星际迷航》里的半人类半瓦肯人（一种外星人）物种，非常冷静理性，常常令人类伙伴们觉得难以接近。——译者注

大象

大象是大脑中容易受新奇事物吸引的部分。它贪图即时享乐，跟着感觉走，总是被新鲜、愉快、舒服、熟悉的东西所吸引。

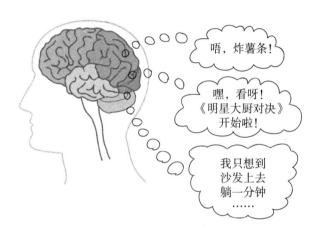

大象想要这想要那，而骑象人抑制这种欲望。这是一种非常有用的进化优势——骑象人允许你提前计划，牺牲短期欲望换取长期收益。

大象更大更强壮

然而，我们所有人都要面对的一项挑战是，我们总是容易高估骑象人的控制力。骑象人是我们有意识的、语言的、思考的大脑，因为它跟我们说话，所以我们倾向于认为是它在控制我们。

有时这种想法似乎是有道理的，因为（再次强调，是有时候）大象很愿意、很容易就跟着骑象人走了。

但有的时候，不管骑象人怎么说，大象都会按自己的想法做事。

而要是碰到大象和骑象人出现重大冲突，猜猜赢的一般会是谁？

完全正确。

这对学习者意味着什么

学习者也有他们的大象：

　　这些画面是不是眼熟得叫你害臊？关键在于，如果大象不为所动，学习者根本就无法集中注意力。但骑象人可以强迫大象集中注意力——我们随时都会这么做。每当你逼着自己完成复杂的家庭作业，填写纳税申报单，或是理解一份法律文件时，都是在使劲地拖着大象往前走。

　　不过，这样做是有代价的。从认知的角度来说，硬把大象拖到它不想去的地方，会让骑象人精疲力竭。我们必须拥有很强的意志力才能做到，而意志力很快就会消耗殆尽。

　　有一项研究（Shiv，1999）请参与者记住一个两位数或一个七位数。随后，参与者可以选择一份水果沙拉或一块蛋糕当零食。

　　相较于记忆两位数的参与者，记忆七位数的参与者选择蛋糕的概率接近前者的两倍。这是因为，消耗大量脑细胞后，人们倾向于吃更甜腻的食物。

　　这表明，记忆、专注、控制等认知资源是有限的。你可以控制大象，但控制不了太长时间。大量研究表明，自控力是一种有限度的、会消耗完的资源（Gailliot，2007；Vohs，2007）。如果学习者不得不强迫自己集中注意力，那么注意力的集中时间将是有限的。

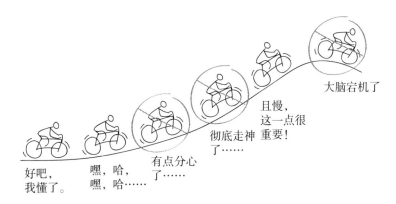

大脑宕机了

且慢，
这一点很
重要！

彻底走神
了……

有点分心
了……

好吧，
我懂了。

嘿，哈，
嘿，哈……

要求学习者完全依靠意志力和专注力，就像要求骑象人使劲把大象拽上山一样。（注：上面骑自行车的漫画源自我在 Allen Interactions 公司的职务作品，此处使用已授权。）

请阅读以下段落：

> 通行权和让行法有助于交通的畅通和安全。这些法规建立在礼貌和常识的基础上。违反它们，是导致交通事故的主要原因。如果两车同时到达十字路口，且路口没有交通红绿灯或信号灯，那么左侧车辆的驾驶员必须为右侧车辆让行。
>
> 如果两车同时到达十字路口，且路口有全向停止标志或闪烁的红色交通灯，那么左侧车辆的驾驶员必须为右侧车辆让行。

（《明尼苏达州驾驶员手册》，第 41 页）

你付出了多少努力来消化这些文字信息？这不是一个特别难的概念，但你的骑象人兴许不得不强迫大象集中注意力，你还必须花力气把文字转换成视觉画面，这样你才能正确理解信息。

想一想这个过程是什么感觉。除非你是驾校老师，要不，就是你对驾驶规则有着狂热的喜爱，否则，强迫自己阅读和理解这段文字，可能会让你感到费力，不怎么愉快。正是这一类感觉，让巧克力蛋糕看起来极为诱人。

学完就用和为用而学

我们往往更喜欢奖励来得早一些而不是晚一些，哪怕后来的奖励更大。想一想你会怎样回答下面的问题：

1. 你愿意今天得到 10 美元，还是明天得到 11 美元？
2. 你愿意今天得到 10 美元，还是一年后得到 11 美元？
3. 你愿意今天得到 10 美元，还是一年后得到 1 000 美元？

过去我向听众提出这些问题时，对于第一个问题，他们的回答大概是一半对一半；对于第二个问题，人人都想今天就拿钱；对于第三个问题，人人都愿意等待。

基本上，如果奖励足够大，我们会愿意等。但如果奖励不太大，我们就没什么兴趣。

如果从学习的角度来思考，老师和学习者也是在做一笔类似的交易。老师要求学习者注意所学的课程，而学习的回报是他们可以运用所学的知识。

和金钱一样，注意力也是一种可以分配的资源（我们总爱说"付出"注意力就跟"付出"金钱一样，我想两者并非巧合）。如果学习者可以立刻运用知识，那么集中注意力并不难。但如果学习者不能立刻运用知识，那么要保持注意力就难得多，哪怕信息是有用的。

不妨这么想。你对一段打印机维修的视频是否感兴趣呢？请评估你的感兴趣程度：1. 完全不感兴趣；2. 有点感兴趣；3. 很感兴趣。

我大胆猜测一下，你选的是"1. 完全不感兴趣"。也许我错了（说不定你一直就喜欢打印机维修呢），但对我们大多数人来说，这不会是个太有趣的主题。

现在想象一下，你只有20分钟的时间来打印自己的贷款申请/研究生院申请/纳税申报单/客户提案，好赶在截止时间之前把它寄出去，偏不巧，这时你的打印机坏了。现在，你对打印机维修视频的兴趣有多大？

你的感兴趣程度，不是因为第二个场景下的视频内容发生了变化而改变的。它并没有神奇地变成一段搞笑、有趣、幽默的打印机维修视频。

从学习设计的角度讲，老师可以从下面两种方法中任选其一。一种是可以让学习知识的时间点接近应用知识的时间点，也就是学习者只在需要用的时候才观看视频。另一种是可以让应用知识的时间点接近学习知识的时间点，找一个问题让学习者去解决。（稍后会对此做更详细的说明。）

吸引大象

如果能吸引和调动大象（大脑的本能部分），骑象人（大脑的认知部分）的负担就不会那么大了。想想你以前有过的精彩学习体验。它们兴许在本能或情绪层面调动了你的兴趣和好奇心。我们对某事的感觉如何，是我们评估其重要性的标准。

在下一节，我们将详细探讨吸引和调动大象的技巧。但所有技巧请务必谨慎使用。能够有效吸引大象的技巧，有时也会因为太过有效而适得其反。

如果用来吸引大象的东西，并非学习主题和学习活动所固有的，那么它们有可能会对学习和记忆产生负面影响（Thalheimer，2004）。

充分调动大象的技巧

那么，怎样充分调动大象呢？

- 给它讲故事。
- 让它感到意外。
- 告诉它其他大象都这么做。
- 给它看酷炫的东西。

给它讲故事

请阅读下面这个有关我一个朋友的故事：

> 我的朋友凯伦分不清左右，无论如何都分不清。每当她真的需要分辨左右的时候，她会把两只手都举起来，看看哪一只手的食指和拇指能比划出"left"（左）这个单词里打头的字母"l"。
>
> 可以想象，在她开车的时候，分不清左右会带来不小的问题。她很难跟着路标行驶，而且，要是在十字路口停下时遇到另一辆车，她简直会吓得恐慌症发作。
>
> 她知道右边的司机应该先走，但因为她分不清哪边是右，免不了要猜几次。最终，她会手舞足蹈地来一番"启动—停下—启启启启动—停下—停下停下"的表演，直到无可奈何地挥手示意对方先走，不再管到底谁在右边。
>
> 我试着劝说她在车窗上贴左右标识，但她说那太丢脸了。
>
> 后来，我们在她仪表盘的最右边粘上了一个小小的灯塔装饰，叫它"右行灯"。这样一来，要是对面的来车在"右行灯"的位

置，她就能判断出对方在右边，可以果断先行了。

阅读这段文字的体验，和阅读本章前面关于通行权和让行法的体验相比，哪一次更费力？哪一段话更容易在你的脑海里形成画面？

我想，对大多数人来说，凯伦的故事可能更容易阅读，更有画面感。你甚至有可能在过了一段时间后基本准确地复述凯伦的故事。

大象喜欢故事

人们从故事中学到了很多东西，而且对故事的记忆力似乎特别好。一个津津乐道的故事，哪怕我们只听过一次，也能记住好些年。一般来说，大象似乎很愿意先听故事。那么，故事具备哪些特点，可以充当有用的学习工具呢？

- **故事有现成的框架。**你已经有了一套故事框架——你知道故事怎么发展——故事里通常有一个主人公、某个问题，接着还有问题的解决办法。故事框架有些根植于文化。如果你来自美国，你的故事框架兴许和来自日本或马拉维的人不同，但你总归已经有了承载故事情节的框架。

- **故事发展有逻辑。**故事通常按时间顺序发展。记住"爬→走→跑"比记住"走→跑→爬"更容易，因为前者遵循故事发展的逻辑，即时间线。故事里一定涉及的是因果逻辑，你可以按照这一逻辑来回忆故事。如果有人要复述凯伦的故事，恐怕不会先说到仪表盘最右边的灯塔装饰，再说到凯伦分不清左右的事实。

- **故事里有悬念。**每当有人给你讲故事，你就会开始尝试解答一个隐含的问题。故事的要点是什么？它有趣吗？它出乎你的意料吗？你开始预测它的情节发展，或是预见它的结局和目的。大象喜欢猜谜题（我们将在本章后面详细介绍）。

- **故事不无聊（但愿如此）**。当然了，糟糕和乏味的故事总是难以避免（我们还是面对现实吧，凯伦的故事不会赢取任何文学奖项）。但每当有人给你讲故事，其隐含的承诺是：这个故事里有一个很有趣的点值得你关注。

成为故事里的英雄

在学习设计中利用故事的另一种方法是，让学习者成为故事里的英雄。

我的一个游戏设计师朋友说，游戏设计的目的是让玩家觉得自己很聪明。游戏研究员兼学者塞巴斯蒂安·德特丁（Sebastian Deterding）说：

> 游戏满足了人的 3 种内在心理需求，即体验胜任的需求、控制和影响环境的需求，以及变得更好的需求。（Deterding，2011）

我认为，学习设计者也有类似的责任。只不过，他们的责任是让学习者感到自己有能力。

那么，学习者怎样才会觉得自己更有能力呢？

- **比较学习前和学习后**。学习者应该能够看到，如果掌握了技能，会有怎样的不同。有哪些学习之后能做到，但现在还做不到的事情？学习后会变得更能干吗？会有能力处理现在处理不了的问题吗？会拥有新的专业技能吗？向学习者展示他们以后能做些什么，以及他们怎样才能拥有那样的能力。
- **真正取得成就**。让学习者在学习的同时，做一些有意义的事情。把这些成就练习加入学习设计中。举例来说，你愿意参加以下哪种 Photoshop 入门课？

温柔的新人

咨询台忍者

Photoshop 入门课 A	Photoshop 入门课 B
第一课：使用图层	第一课：怎样创建炫目的博客题图
第二课：照片编辑工具	第二课：怎样让平淡无奇的照片变得更华丽
第三课：使用滤镜和效果	第三课：怎样制作相册封面
第四课：使用钢笔工具	第四课：怎样从姐姐的结婚照上把你的前任抹掉

以上哪一种课让你觉得自己真的可以运用 Photoshop 技术完成一些事情？

· **用第二人称设置问题，让学习者解决。**在学习设计中多用第二人称设置问题，与学习者互动。假设你正在学习一门销售课程，目标是掌握新产品的特点和优点。课件 A 的开头这样写着："本课要学 Turboloader 3000 的特点、优点和销售技巧"。课件 B 的开头则展示了一位友好的销售代理站在敞开的门口，他说："刚到货的新款 Turboloader 3000 看起来棒极了。嘿，你的大客户不是在寻找一款涡轮装载机吗？她今天要来，对吧？"你更喜欢哪个课件？为什么？

看到课件 B 的开头时，你突然有了关注信息的理由，你有了目标和紧迫感。这些都是干巴巴的"学习 Turboloader 3000 的特点、优点和销售技巧"所不能带来的。

制造紧迫感

前面提到过，如果需要马上运用学到的知识，学习时就更容易集中注意力。即便有时不能学完就用，也可以通过制造紧迫感来让学习者为学习分配更多的注意力。在学习设计中加入场景或故事的好处之一是，增强运用所学的即时性和紧迫感。

斯蒂芬·科维（Stephen Covey）的紧急与重要任务"2×2"矩阵凸显了如下事实：

我们经常关注紧急的而非重要的事情。

当然，我们会首先处理既紧急又重要的事情。但在此之后，我们基本上会先处理紧急的事情（如邮箱里刚刚弹出来的邮件），再处理重要的事情（如周末要交的报告）。

这是因为大象对紧急的事情更敏感。虽然关注重要的事情是一项必要的生活和工作技能，但在学习设计中，强调重要的事情对于调动大象的帮助不大。

还记得第四章里"忘了关键信息能够害死你的事"那幅图吗？我们天生就会把注意力放在紧急的事情上，因为在人类的演化环境中，

"紧急的事"常常等于"能害死你的事"。

那么，你认为下面哪种方法对大象更有吸引力呢？

我自己刚当老师的时候，也总爱说"这件事真的很重要"或是"以后你就会庆幸自己懂这些东西了"。现在回想起来，我才知道这样说纯属徒劳。

光是强调一个主题有多重要，无法吸引大象的注意力。骑象人兴许相信你所说的话，大象则不然。那么，你可以借助什么元素来制造紧迫感呢？

- **一个令人信服的故事。**使用经典的故事元素来创建吸引人的场景。设定一个努力想要达成目标的主人公。设定一个妨碍主人公达成目标的对手。设置主人公必须克服的障碍。安排一桩突发事件，增强故事的戏剧性。让主人公通过改变和成长来克服障碍。

- **不要光靠说，也要靠展示。**大象很聪明，它不会仅仅因为听了你的话就认为某事重要。它希望看到、感受到这件事的重要性。这是写小说和拍电影的一条黄金定律：避免生硬叙述，而是依靠视觉效果、动作和对话。

- **限制时间或资源。**制造紧迫感最无可争议的方法是规定限制条件。给学习者设定时间或资源限制，让他们解决问题。不过，这里要小心的是：只给学习者 5 分钟，却希望他们完成一项通常需要 20 分钟才能完成的任务，他们是不会喜欢的。让他们用 15 到 18 分钟去完成一项通常需要 20 分钟才能完成的任务，就足以制造紧迫感了。只给学习者 5 分钟去完成通常需要 20 分钟才能完成的任务，会让他们很生气。

- **即时性**。在学习环境中，我们往往会聚焦于未来的结果。但大象是一种活在当下的生物。对大象来说，未来将要发生的事情不管多么可怕，都不如此刻正在发生的事情那样吸引人。这就是为什么"你可能需要了解以下安全疏散程序"式的开场白，远远不如"8 楼刚刚起火了！快！你需要先做些什么"的说法生动诱人。

- **有趣的选择困境**。为学习者创造有趣的选择困境。如果设置得当，困境非常容易攫取人的注意力。最主要的是不要使用"是/非"选项。更好的选项应该如下所示：

　　√ 一个好选项和一个非常好的选项。

　　√ 两个糟糕的选项。

　　√ 好的、更好的和最好的选项。

　　√ 两个好坏参半但着眼点各有不同的选项。

精心设计的游戏可以将有限的资源作为压力，制造绝佳的两难处境。在《大富翁》游戏里，你知道投资铁路是更稳妥的做法，但它的最终价值可能不如投资另一种绿色产业，那么，你还会花一半的钱去投资铁路吗？这两种选择都有可能获得好的结果，也有可能获得坏的结果，一切视情况而定。

- **给出结果，而非反馈**。这又回到了前面"不要光靠说，也要靠展示"的概念。当人们在学习场景下做选择时，向他们展示实际结果比给予反馈更有说服力。

引发情绪共鸣

学习设计中的故事若能引发情绪共鸣，学习者就能清楚地知道所学知识的意义，从而运用所学。

"理性决策"的神话流传很久了。它认为，做决定最好的方法就是理性地权衡利弊，不被混乱的情绪所干扰。

行为神经科学家安东尼奥·达马西奥（Antonio Damasio）通过研究大脑情绪中枢受损的患者，推翻了这一观点。他发现，没有了情绪，这些患者非但没有成为思路清晰且果断的决策者，反而连最简单的决定也很难做出。我们似乎需要一种情绪"拉力"来帮自己做决定。

如果脱离宽泛的情绪背景传授知识和信息，学习者就很难根据信息采取行动。当然，情绪背景的必要性因涉及的主题不同而有所差异。如果学习主题是教酒吧员工怎样使用收银机，那么无须过分关注情绪背景。可如果学习主题是教他们怎样拒绝向未成年人或过度饮酒者提供酒精，就要更多地涉及情绪背景。

请看以下销售课程的陈述：

> 重复销售的销售佣金是 10％。

这句话看起来客观极了，对吧？它确凿无疑，只需放到记忆清单上就行。但如果在这一事实上添加情绪背景，会发生些什么呢？

重复销售的销售佣金是10%！

重复销售的销售佣金是10%！

重复销售的销售佣金是10%！

除非我们把信息放到情绪背景下，否则，它们会显得毫无意义，我们甚至无法对其做出判断。

你对10％的销售佣金有什么样的感觉？也许这是件很棒的事情，因为行业标准是4％。也许这让人火冒三丈，因为销售人员习惯了30％的佣金。

我们相信"客观事实"的确存在，但所有宝贵的信息只有放到情绪背景下才有意义。如果在学习设计中没有应用情绪背景，学习者或许能了解和记住这一信息，却不知道这一信息的意义。如果对这些信息没有特别的感觉和情绪，就不知道该怎样处理这些信息。

让它感到意外

第二种能调动大象的方法是，让它感到意外。

设置意外奖励

研究人员使用预期奖励和意外奖励对人们进行试验。如果奖励出乎意料，人们的大脑就会变得更活跃（Berns，2001）。基本上，人们对意外奖励的反应要比对预期奖励的反应强烈得多。

举个例子，我小时候每年都会收到祖母的生日卡，卡里还附有 5 美元的支票。这让我很高兴，因为我爱祖母，她这么做也真的很贴心。但到了 12 岁左右，5 美元本身不会再让我感到特别兴奋。尽管祖母的这一举动始终让我愉快，但我对 5 美元本身没什么好大惊小怪的。

对比如下场景，你会产生什么样的感觉：你走在大街上，看到地上躺着 5 美元的钞票，在你的视野范围内看不出明显的失主。

我不知道你会怎样。但要是我瞅见地上有 5 美元，一定会欣喜若狂。在那之后的一段时间里，我兴许会更仔细地往地上看。

在上面两个例子中，钱的数目是一样的，但意外捡到钱的反应却与预料中收到生日礼金的反应截然不同。

这种对意外奖励产生更强烈的反应的倾向，是一种宝贵的生存特征。基本上，如果某件事带给我们的情绪体验很好，我们就会格外关注它，因为想在将来拥有更多类似的体验。如果某件事带给我们的情绪体验不好，我们也想要给予它更多的关注，因为想避免类似的经历。但如果事情确实如我们所想，也就没有理由为它分配更多的注意力资源了。

人们对意外奖励极具特色的反应，是老虎机经久不衰的重要原因——它提供了一种可变的奖励时间表。也就是说，我们无法预测什么时候能从机器里赢得奖品，所以，获胜总是出乎意料。意外同样是我们钟情于其他娱乐形式（比如体育比赛或喜剧节目）的重要原因。

电子游戏在这个方面也做得很好——我们顺着路线玩，收集金币，可突然，到了第 33 枚金币之后，我们拾获了"超级白金死亡大锤"。这样的事情发生之后，我们会立刻开始寻找规律。我做了什么导致它发生？我要怎么做才能让它再次发生？

相比之下，许多电子课程里的反馈始终一成不变、令人麻木：

一成不变也可能有帮助，毕竟它能减少认知负担。如果界面元素（如反馈框）是前后一致的，那么我只需学习一次，之后就不用分配注意力资源去识别它了。但太过一致的问题在于，我很快就会彻底无视这种对话框。

如果你正在参加新计算机系统的培训，老师说："好，我将从这套系统的 37 项主要特征开始，并对每一项特征的功能做介绍。"你是会说"行！把它们都摆出来吧！"，还是会说"天啦，现在就让我去死吧……"？

但如果老师继续说："我是在开玩笑啦——我们现在只专注于最重要的三项特征，其余的请查阅你们的操作手册。"这时候，你会不会对这三项特征投入更高的关注度？

巧用认知失调

意外还出现在，当我们碰到与自己的认知不相符的东西时。基本上可以这样说，我们的衣柜里没有合适的搁架可以存放它。

假设有一天你走在街上，看到一条紫色的狗。

你的衣柜里可能有一整套专门存放有关狗的信息的搁架。你兴许对狗这种生物有相当成熟的心智模型。除非你童年时经历过创伤性的画狗"事故"，否则，这套关于狗的心智模型里恐怕不包含"紫色的狗"。

所以，当你看到这条狗的时候，你用现有的"狗公式"跟它进行对比（个头没错，形状没错，毛发的质地没错，动作没错，声音没错——对，这就是一条狗），但它的颜色不对。它有足够多的地方符合你对狗的定义，所以你其实并不怀疑它是一条狗。但它的颜色让你蒙圈了。

现在，你的脑袋里出现了两种截然不同的想法："那是一条紫色的狗"，以及"狗不是紫色的"。

用专业术语来说，这叫"认知失调"，也就是基于你对世界的了解，这两件事对不上号。你需要调和这两种对立的观点。你该怎么做呢？就这个奇怪的案例而言，或许有如下几种解释：

- "有人朝那条可怜的狗身上喷了漆。"
- "我出现了幻觉。"
- "或许真有紫色的狗也说不定……"

如果你在考虑最后一种解释，那么你就是在思考是否需要把你对于狗的心智模型加以调整和扩展，将"紫色的狗"收录在内。

这也就是一些人爱说的"施教时机"。这种美妙的矛盾元素，需要学习者主动调和一种有违常规的认知。

用信息差激发好奇心

作为我母亲的首席电子邮件技术支持官，我会花大量时间浏览美国在线的主页。美国在线有一种怪异的能力，能让我点击诱饵文章的链接，而且它们的主题还通常是那些我根本不关心的事情：

- 哪一位 20 世纪 80 年代的童星现在有三个妻子？
- 少用润唇膏的 8 个原因。
- 关于荧光灯的令人惊讶的真相。

我真的毫不在乎这些事情，但我发现自己会奇怪地有如患上强迫症似的点击它们（上面的几个链接标题是我虚构的，但你应该懂我的意思）。为美国在线上的文章编写诱饵标题的人，在迎合我的好奇心方面简直是个天才。这纯粹是肤浅的好奇，但它足以让我点击这些文章链接了。

经济学和心理学教授乔治·洛温斯坦（George Loewenstein）曾说："每当注意力聚焦于信息差时，好奇心就会产生。这样的信息差会给人带来一种剥夺感，并将这种感受定义为好奇。好奇的人会动力十足地弥补信息差，以减少或消除这种剥夺感。"

大象容易被新奇的事物所吸引。如果某事能激发它的好奇心，就能获得大量的关注。那么，怎样才能激发大象的好奇心呢？

- **提出有趣的问题。**如果提出的问题通过简单的网络搜索就能获得答案，那么，它就不是一个有趣的问题。有趣的问题要求学习者能阐释或应用信息，而不仅仅是记住信息。纯粹的回忆信息从来不会太有趣，而且，在当今这个技术和信息都很丰富的时代，它只是在浪费时间。

- **要神秘。**你能设置一个需要解决的谜题吗？你能巧妙地揭示谜底吗？你能在科学课的一开头就问："土星为什么有光环？而太阳系的其他行星为什么没有光环呢？"（Cialdini，2005）你是否想过，在项目管理课上，从一个惨遭失败的案例分析着手，并邀请学生从最初的项目文件中找出原因？建议把"神秘"作为学习设计的指导原则。

- **多留白。**美国在线主页上的文章标题吸引我的方式之一，是对信息谨慎留白。例如，那位奉行一夫多妻制的 20 世纪 80 年代童星，既有可能是某个我完全不认识的人，参加过我从未看过的一档节目；也有可能是我喜欢的某位演员，参加过我小时候几乎每天都看的节目。光是这种可能性，就足以吸引我。我点击链接的原因就是为了填补这一信息差。

  "多留白"对学习设计来说是个很棘手的概念，因为最终需要确保学习者获得完整信息，并能轻松获取。省略关键信息，有违直觉。

- **少帮忙。**丹·迈耶是一位数学老师兼博主（http：//blog. mrmeyer. com），他奉行一套他自称为"少帮忙"的哲学。我鼓励大家去读读他写的东西。他认为，把问题回答得太过完整是在给学习者帮倒忙。在最初展示问题时少提供一些信息，能鼓励学习者去努力弥补差距，学习和掌握应对各种问题的策略，而不仅仅是学习怎样把信息代入公式。构建和澄清问题，是学习的一部分。

提出有趣的问题

让我们来看看 19 世纪教育家兼作家夏洛特·梅森（Charlotte Mason）的这段话：

理解了我们会出于对儿童个性的尊重而受到限制，我们只能采取 3 种教育手段——环境的氛围、习惯的约束和生活理念的呈现。我们的座右铭是"教育是一种氛围、一套纪律、一种生活"。我们说教育是一种氛围，并不是说要把孩子隔离在经过特别调整和准备的所谓"儿童环境"中，而是说，我们应该从人和物这两个方面考虑到他的自然家庭氛围所蕴含的教育价值，应该让他自在地生活在适当的条件下。把孩子的世界拉低到"儿童层面"，会让他变得愚笨。

假设你在一门教育课上讲授这段话。你想通过提问来调动学习者。你可以问，"夏洛特·梅森认同的 3 种教育手段是什么？"或者"夏洛特·梅森说'教育是一种氛围'，是什么意思？"

你当然可以提这些问题，但它们太枯燥了。它们纯粹是基于信息的问题，从文章中截取信息就能作答。你不妨构思一些需要学习者加工、整合信息后才能回答的问题，比如：

- 现代教育工作者怎样才能"考虑到自然家庭氛围所蕴含的教育价值"？
- 梅森说："把孩子的世界拉低到'儿童层面'，会让他变得愚笨。"但什么时候必须这样做？
- 你认为梅森会怎样看待学校限制使用互联网的做法？

你要问一些需要学习者创造新概念、形成新观点的问题，而不是那些只需回忆基本信息的问题。

告诉它其他大象都这么做

调动大象的第三种方法是，告诉它其他大象都这么做。

麻省理工学院媒体实验室（Okita，2008）进行过一项实验，让受试者们在虚拟现实环境中与虚拟主体互动。一组受试者认为自己是在跟另一个人的虚拟化身互动。另一组受试者认为自己是在跟机器人互动。但两组受试者实际上都是在跟机器人活动，而且机器人在两组中的表现是相同的。

当受试者相信自己是在跟一个活生生的人互动时，表现得更加专注，学到的东西更多，在后期测试中的成绩也更好。这个实验得出：一项活动中，如果有其他人参与，人们的注意力会更集中。

社会学习有多种形式。它可以是群体项目，也可以是借助社交媒体进行的非正式的知识交流。在传统的学习环境中，老师是所有知识的来源。但如今，不管在哪种学习环境下，学习者之间都能相互传递大量的知识和经验，倘若不加以利用，就是资源浪费。

利用其他学习者来调动大象的具体方法包括：协作、陪跑和竞争。

协作

当学习者协作学习时，大量的社会影响力机制会发挥作用，从而充分调动大象。因为群体活动需要磋商、提供支持、履行责任或义务。

除了调动大象，协作学习还有其他好处。例如，加州大学伯克利分校的菲利普·乌里·特里斯曼（Philip Uri Treisman）讲过一个关于尝试提高少数族裔学生（主要是黑人和西班牙裔学生）数学成绩的故事。特里斯曼和同事们推测了导致这类学生成绩低的原因——这些学生或许在教学条件较差的学校里没有打下很好的学术基础，或者缺乏良好的家庭支持，又或者没有养成良好的学习习惯。

但调研这些学生后，他们发现以上假设全都不对。实际情况是，少数族裔学生学习勤奋，有良好的学校支持和家庭支持。特里斯曼和同事们将这类少数族裔学生的学习方法与学业更成功的亚裔学生进行比较，发现了线索。两个群体的主要区别在于，少数族裔学生喜欢独自学习，而亚裔学生喜欢协作学习。

亚裔学生会结成小组一起学习，互相帮忙解决问题，充当彼此的资源，围绕主题展开互动。少数族裔学生学习十分刻苦，但他们通常一个人学习，孤零零地搞研究。后来，特里斯曼和同事们创办了一个项目，让这些少数族裔学生协作学习。结果是他们变得更加成功，学业表现与其他学生持平，甚至能超过其他学生。

陪跑

罗伯特·西奥迪尼（Robert Cialdini）在经典作品《影响力》（*Influence：The Psychology of Persuasion*）一书中探讨了社会认同原则——基本上，如果别人也在做某件事，那么，人们就会认为这件事更有价值。

如果学习者看到其他人也投入到某项学习中，或者知道前一组学习者的成绩良好，他们就更有可能投入学习，自己也会表现得更好。

我在给本科生上课时，有时一整个学期都会让学生们做课堂陈述。通常，前面几位同学陈述的质量，将为这学期剩下的陈述确定高度。

在网络学习环境中，如果能看到还有谁上过这门课，或者其他人的参与程度如何，会影响学习者的参与热情和专注度。

竞争

竞争是一种类似于紧急事件的社会互动机制。哪怕比赛的实际环节尚未开始，即将展开竞争的运动员也已经表现出兴奋的生理信号，比如心率加快、激素释放、脸颊发热涨红等。

竞争毋庸置疑是调动大象的一种有效方式，但把它作为学习策略，也存在不少问题：

- **不是所有人都竞争心切。**有人真的喜欢竞争，也有人真的讨厌竞争。虽然少许的紧张感可以让学习者集中注意力、提高学习效果，但压力太大的话，学习体验就会很糟糕。此外，研究表明，对于能妥善应对竞争的学习者来说，竞争能发挥积极作用；而对于不擅长应对竞争的学习者来说，它会带来更大的负面影响。

- **竞争有可能舍本逐末。**有人会说："教学生怎样赢有什么不对吗？"但过分关注输赢会本末倒置。基本上，一味强调赢，会让学习者不再关注学习材料本身——赢成了主要目标，而不是利用所学去完成某事。所有信息都沦落成"能帮我赢的东西"，掌握和理解它们不再是学习目标了。如果赢的奖励是某种外在的东西，如金钱或奖品，这尤其成为问题。

- **以竞争为动力并非长久之计。**它向学习者暗示，无须竞争的东西不值得关注。它贬低了学习主题本身。

竞争虽然能调动大象，但应该尽量少用甚至完全不用。借助竞争小游戏来吸引学习者的注意力，这恐怕不错。但绝不能把竞争作为激励学习者的主要方法。

给它看酷炫的东西

调动大象的第四种方法是，给它看酷炫的东西。

运用视觉元素，但要小心

大象非常喜欢直观的视觉呈现，而图像的使用能带来惊艳的效果。例如，我们知道下面这段文字并不是很吸引人：

> 如果两辆车同时到达十字路口，且路口有全向停止标志或闪烁的红色交通灯，那么左侧车辆的驾驶员必须为右侧车辆让行。（《明尼苏达州驾驶员手册》，第41页。）

但如果我们使用视觉元素，效果会更好：

如果你想寻找一个动态感更强的例子，不妨想想赛车电子游戏。电子游戏尤其擅长运用视觉效果（甚至可能让大象分心）调动大象。

有几本书是运用视觉效果的优秀参考资料，包括罗宾·威廉姆斯（Robin Williams）的《写给大家看的设计书》（*The Non-Designer's Design Book*）、康妮·马拉迈德（Connie Malamed）的《视觉设计解决方案》（*Visual Design Solutions*）。这些书可以为学习设计提供指导，理解怎样创造引人注目的视觉效果。但有几点，应当牢牢记住：

第一，知道为什么要运用视觉元素。在学习设计中，视觉元素的用途有很多，因此有必要知道为什么要进行可视化呈现，切忌为了运用而运用。运用视觉元素的原因包括：

- **装饰。**有时候视觉元素的作用仅仅是让学习材料更美观。唐·诺曼（Don Norman）在《情感化设计》（*Emotional Design*）一书中介绍过一些研究。这些研究表明，有吸引力的东西比没有吸引力的东西能更好地带来用户的积极反应。而且，在冗长的文本中运用视觉元素，也能让学习者用于处理文字信息的大脑区域获得片刻休息。话虽如此，装饰性图片毕竟只是一种最形式化的视觉元素，应该谨慎使用。有研究表明，装饰性图片会分散学习者对主要材料的注意力（Thalheimer，2004）。

  此外，应尽可能地避免使用老套的视觉元素。我们已经见过太多图库中通用的"握手"图片了。

- **进展。**有时候，在展示一种程序或步骤时，视觉元素比纯文字解释要有效得多。视觉元素在表现按时间推移的进展时尤其有用。

- **概念性比喻。**视觉元素能用文字描述达不到的效果，清楚地解

释一个概念或比喻。其目的是为了让复杂信息更容易处理或理解。

没有数学、数据分析等专业背景，大多数人很难理解陌生数据的意义。如果人们的衣柜里尚未搭建起这类搁架，那么视觉元素能帮助人们理解这些信息。

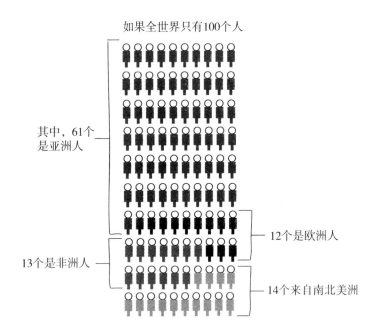

如果全世界只有100个人

其中，61个是亚洲人

13个是非洲人

12个是欧洲人

14个来自南北美洲

第二，视觉元素有助于减轻认知负担。 处理语言信息和视觉信息的大脑区域似乎不同，因此，有效地穿插使用视觉信息和文字信息能避免学习者被学习材料压垮。另外，图文结合也便于找到学习材料中的信息。

凡是看过典型教材的人都知道，它的文字信息远比视觉信息多。如果用搁架打比方，这说明搁架用于承载视觉元素的部分还有很大的空间尚未使用。我在第一章里提到过，学习风格（如听觉、视觉、动觉型学习者）对学习设计的指导意义不强，部分原因就在于，人人都是视觉型学习者。除非患有视力障碍，否则，人们总是会通过视觉元素来学习。如果不利用学习者的这种能力，就相当于作茧自缚。

第三，视觉元素有利于搭建搁架。如果学习者只有小型的通用衣柜，而又有大量的专业信息需要放进衣柜里，那么，视觉元素是帮助他们搭建搁架的好办法。例如，化学元素周期表本身就是一种结构化的视觉呈现，识记它有利于搭建搁架。

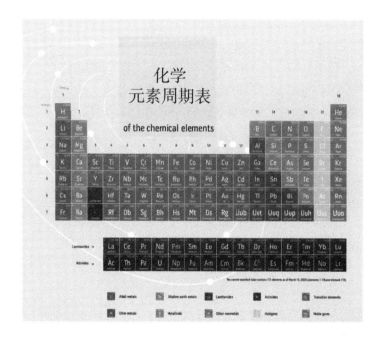

第四，视觉元素有利于提供背景。我们已经讨论过背景的重要性，视觉元素可以提供有关学习主题的丰富背景：

·场景背景。用文字描述场景，可能要用很大的篇幅。但如果使用视觉元素，就可以把冗长的文字说明化繁为简。比如，针对某事发生的场景，可以用视觉元素提供大量信息或触发因素。

- **情绪背景。**同样，我们可以从图像中获得许多情绪背景。在没有任何文字说明的条件下，你能从以下的每幅图中推断出多少信息？

- **触发背景。**让学习者习惯于特定的行为触发背景，是进行学习设计时值得尝试的一件事。

例如。我最近参与了一个学习设计项目，其目的是让学习者了解能源浪费的知识——在没有使用电子设备时不拔插销，也会造成电能浪费。我们希望学习者一看到正在充电的手机就联想到潜在的能源浪费，从而在充满电后拔掉手机充电器。

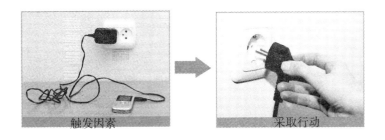

触发因素　　　　　　　　采取行动

事实证明，在触发因素和采取行动之间建立视觉关联，是增强记忆和触发行为的好方法。

拿着东西玩耍

让学习者拿着某样东西（课件、实验材料等）玩耍，能调动其听觉、视觉和触觉来吸引注意力。佛教徒说"心猿意马"，指的是人们的思绪容易分散，注意力不容易集中。神经科学里有一种神经能量理论（neuroenergetic theory）。该理论认为，如果剧烈地使用大脑的一个区域，该脑区就会耗尽血糖等资源，从而使大脑的另一个区域占据中心舞台（Killeen，2013）。所以，如果你在咖啡店里全神贯注地完成数学作业，那么大脑用来解读微积分方程的区域可能会感到疲惫，而处理隔壁桌男女第一次约会聊天信息的区域就接管了更多的注意力。

使用更充分的触觉活动，或许有助于保持专注，让你把注意力放在主要任务上。例如，有一些研究表明，在会议或讲座中有板书能帮助人们保持专注（Andrade，2009）。而利用与主题直接相关的触觉活动可能是更好的选择。

你能尝到、摸到、听到和闻到的东西，也能提供额外的知识背景，充当记忆触发因素。而肢体互动提供了一种与学习材料互动的方式，来吸引学习者的注意力。

如果学习主题涉及动手操作的部分，那么一定不能放弃这个环节。

借助好玩的事

不是所有人都觉得同一件事有趣，这就让借助好玩的事变得棘手起来。

也就是说，只有学习者们觉得某件事真的很有趣，才能利用它来有效吸引他们的注意力。调查研究表明，和中性的句子相比，学习者更容易回忆和完成有趣的句子，这可能是因为有趣的句子能让学习者的注意力更集中，又或者是因为它们更容易让人记住（Schmidt，1994）。

如果尝试借助好玩的事，不妨先和学习者做一番测试，以确保它和学习者认为的有趣是一致的。

有些人认为，一只穿着青蛙外套的臭脸
小猫就再有趣不过了。有些人则完全不这么
认为。

奖金！奖励！奖品！

设置资金、奖励或奖品也能调动大象。

但运用奖励，也是一件棘手的事。从最基本的层面来说，如果奖
励一种行为，就可能会提高这一行为的发生概率；如果惩罚一种行为，
就可能会降低它的发生概率。

如果能在合适的时机应用好奖励，它就能发挥作用。但问题是，很多时候它的效果并不怎么样。

奖励的好处

假设我想学习金融和投资知识，于是我买了一本关于这个主题的书。这本书告诉了我很多有用的东西，但其中的一些得到下个季度才能派上用场（如调整工资扣除额），还有一些可能好几年都用不上（如退休后如何最好地分配退休账户里的收入）。由于我此刻不能应用这些知识和信息做任何事情，所以，我很难强迫自己去关注它。

但如果我通过模拟游戏来学习金融投资，效果可能就截然不同。我坐下来，创建了一个虚拟形象，开始设置自己的金融投资组合。我可以做出决定，一次性地跳过几年甚至几十年的时间，一玩到底，再看结果如何。我可以调整财务计划，设置和尝试不同的场景，看到不同的结果。

游戏场景有许多显著的优势可以调动大象，比如反馈、风险、背景、有趣甚至好玩的挑战。但它还有直接的奖励、惩罚和后果。这让它成了一种令人信服和学以致用的学习体验。

不要误解我的意思，书籍也能带来奖励——造成差异的不仅仅是信息媒介的不同。对资讯狂人来说，利用书籍确认已经获得的知识、获得新的见解，也是很棒的奖励。但如果你对这个主题缺乏内在动力，兴许需要完成更具体的挑战、获得更具体的奖励，才能保持注意力。

奖励的弊端

外在奖励是好坏参半的。我们已经看到了怎样有效运用它们，但它们也很容易被滥用。好的奖励可以是一次顿悟、一项成功的模拟退休投资组合，或是解开一道难题。而糟糕的奖励是学习体验之外的某种东西。

> 你必须知道的最主要的事情：外在奖励能削减人们做某事的动力。

你可能会像分发糖果那样分发外在奖励（"完成这门课程，你就能得到礼品卡！"），但这归根结底是一种没有效果的浅薄的激励方式。它或许适用于宠物，但对人来说是一种糟糕的方式。我把这种现象叫作"礼品卡效应"。你知道它的套路是什么样的——"我们实际上不能为你给予恰当的补偿，但如果你仍然这么做了，就可以从我们这里获得相当于三杯昂贵咖啡的报酬！"把"礼品卡"作为事后表达谢意的赠品，没问题。可有时候，把它视作激励行为的方式，往轻了说，这很蠢；往重了说，这适得其反。

行为经济学家丹·艾瑞里（Dan Ariely）做过一个实验，花钱请人搭建不同形状的乐高积木——人们每组装一件乐高积木作品，就可获得一小笔报酬。一组参与者组装的每一件乐高积木作品都会被摆在显眼的位置；而另一组参与者组装完乐高积木作品后，实验方就当着他们的面把乐高积木作品拆掉，把零件扔回箱子里重新使用（Ariely，2008）。

第一组参与者比第二组参与者组装出的乐高积木作品要多得多，尽管奖金完全相同。如果参与者是出于对活动本身的喜爱，而不是为了获得报酬或其他外在奖励参与活动，参与者反而能专注于活动本身。一旦给参与者奖金或报酬，那么它就成了工作，不利于参与者把注意力放在搭积木上。例如，画画会获得奖励的孩子，比那些自愿画画的孩子画得少。一旦涉及报酬，事情就变成了工作或义务，人们的关注点就很快从活动转到了奖励上（Kohn，1993）。

丹尼尔·平克（Daniel Pink）写的《驱动力》（*Drive*），以及艾尔菲·科恩（Alfie Kohn）写的《奖励的恶果》（*Punished by Reward*），是有关这一主题的两部优秀作品。

以内在奖励为主

如果奖励是内在奖励，那么它会成为很好的激励因素。内在奖励可以采取多种形式，包括但不限于活动本身带来的乐趣、新技能带来的满足感，以及能够使用新技能的心理预期。

所有成功的内在奖励的共同点是，它们需要对学习者真正有用或者使他们满意。例如，我们已经讨论过如何以获得真实成就为目标来创造学习体验：

针对初学者的 Photoshop 课程
- 第一课：怎样创建炫目的博客题图。
- 第二课：怎样让平淡无奇的照片变得更华丽。
- 第三课：怎样制作相册封面。
- 第四课：怎样从姐姐的结婚照上把你的前任抹掉。

这些学习体验自带内在奖励。老师也可以考虑怎样奖励不同的成就。例如，学习者每完成一个项目，就给他们一颗金色大星星和 1 000 点经验值，不过这基本上还是算外在奖励。又如，创建在线画廊，让学习者展示自己运用 Photoshop 的成果。这或许是更好的奖励，因为它更接近内在奖励的本质。

对学习者而言什么是内在奖励

关于内在奖励的设计，棘手的是，不知道对学习者而言，什么算内在奖励。

任何形式的内在奖励都必须保持灵活，确保学习者拥有一定的选择权。如果他们没有选择权，老师就只能猜测什么对他们有意义。有时候可能猜得对（如果老师真的很了解学习者，猜对的可能性会增大），但归根结底，要给学习者尽可能多的自主权，让他们决定内在奖励的具体形式。

我听说过这样一种观点：学习者不知道自己有哪些不懂的地方，他们需要指导和方向。这可以作为某些情况下减少学生自主权的理由，但总是有办法为初学者提供选择的：

- 让他们自己判断已经学到了什么。
- 让他们选择从什么地方开始，或者以什么顺序学习。
- 让他们决定要做什么作业或完成什么项目。
- 让他们提出自己的问题、项目或疑难之处。

如果真心不想给学习者任何自主权，那么就不要试图用任何奖励来吸引和保持他们的注意力。说到底，强扭的瓜不甜。

小 结

- 如果想吸引并保持学习者的注意力，就需要同时调动情绪的、直觉的大脑（大象）和有意识的、语言的大脑（骑手）。
- 要用学习内容本身来吸引学习者的注意力。
- 如果学习者能够学完即用，就更容易集中注意力。如果不能现学现用，可以构建运用所学的模拟场景。
- 调动大象（吸引注意力）的方法包括，给它讲故事、让它感到意外、告诉它其他大象都这么做、给它看酷炫的东西。
- 竞争和外在奖励等手段可以吸引学习者的注意力，但也肯定会使之分心、偏离真正的学习目标，甚至抑制学习的内在动机。使用这些手段时务必非常谨慎，否则，最好彻底不用。
- 内在奖励几乎总要依靠学习者的自主性或主动选择才能发挥作用。

第六章

传授知识

学习是个混乱的过程，解开这团乱麻，有助于信息嵌入长期记忆。

本章中，我们将重点讨论传授知识时所面临的几项基本挑战：

- 学习者能记住吗？
- 学习者能理解吗？
- 要为学习者提供多少指导？

除此之外，我们还会介绍一套可遵循的流程。

让学习内容更容易被记住

让我们看一看让学习内容更容易被记住的几种方法。

> 想一想搁架。把内容更牢固地嵌入记忆的方法之一是，事先已经有一些搁架能让学习者用来存储信息。

让学习者思考自己已经知道的东西

很多时候，学习者已经对某个主题有了一些了解，老师可以把它们引出来。举例来说，如果老师正在教学习者撰写出色的岗位描述，可以先询问他们，认为哪些东西应该被放入岗位描述中，接着再根据该列表展开教学。

从学习者处采集他们已知的信息列表，可以达到两个关键目的：一是能让他们观察自己现有的岗位描述搁架；二是能让他们积极思考撰写岗位描述时应该使用哪些搁架。

职务名称
我对岗位描述知道些什么

主要职责
我对岗位描述知道些什么

上岗资质
我对岗位描述知道些什么

生成列表之后，老师可以对它进行编辑，添加缺失元素或删除某些项目。如果需要删除某个项目，这就变成了一个活动过程（"为什么不需要这一点呢？原因在于……"）。学习者会主动激励自己调整现有的认知，而不是强行想要努力记住老师教授的知识和信息。

教学习者某个主题时，先想想有什么办法能让他们说出对该主题的已知信息。

让学习者搭建自己的认知框架

元认知（metacognition）这个术语大体的意思是"对自己怎样思考的思考"。除此之外，它还意味着学习者要觉察自己是怎样学习的。

老师可以让学习者在自己的元认知中发挥积极作用。医学院最初设计过基于问题的教学法，用以补充或代替纯信息传递式的教学法（Barrows，1996）。

　　一般而言，医学生学习动力强，擅长学习知识，但学完之后不见得总能应用。设计基于问题的教学法，可以帮助他们更好地应用所学。

　　这里举一个基于问题教学的例子：主持人给一小组学生一个病例（"38岁的女性，胸痛，头晕"），学生们一边研究病例，一边在白板上按类别进行记录。

事实	想法	学习问题
我们知道些什么？	我们有什么样的假设？	我们有什么样的知识差距？

通过白板上的记录，学生们可以明确列出自己知道的东西、自己是怎么想的、还有哪些知识了解得不够。通常，学生们接到分配的任务，调查学习列表上某个类别的问题，并将信息带回小组。虽然基于特定问题的学习设计会有所变化，但这里的基本理念是，让学生们意识到自己有哪些知识，更重要的是，意识到自己的知识差距。

另一种让学习者更了解自己的学习情况的方法是，为学习者提供一份内容清单，让他们评价自己对每个主题的熟悉度。随着学习的推进，他们可以调整评级，要么是对每个主题变得更熟悉，要么是意识到自己知道的不如自己以为的那么多。当然，这些评价并不意味着学习者真正熟练掌握了知识，但确实能让他们了解自己已有的知识，并专注于消除知识差距。

让知识具有黏性

假设你的工作是在电影院撕票根，你每天都要为成百上千的人撕掉票根，那么到一天结束时，你觉得你能记住多少人？

你只记住那些真正与众不同的人，对吧？这不是你的记忆力有什么问题，而是理应如此。如果某件事不重要、没有意义、没什么特别之处，我们为什么要记住它？

如果我们没法记住自己想要记住的东西，那么问题就出现了。

在第四章，我们讨论了工作记忆的持续时间很短，我们会忘记工作记忆中的大部分东西，除非你通过反复练习主动尝试保留它们，又或者是因为它们很重要或容易被记住。

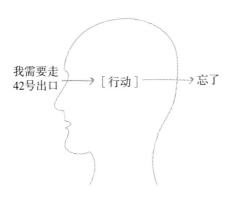

如果某件事很平凡、司空见惯，那么很有可能会像水流过管道一样，穿过大脑却不留丝毫痕迹。

尤其是，如果学习者认为自己已经知道了、理解了某些信息，情况则更是如此——有什么必要关注自己已经知道的东西呢？

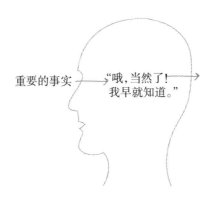

我们似乎特别容易受到这一点的影响。但这很成问题，原因有两个方面。首先，我们可能对它的了解不够多。在第四章，我们看到，回忆知识和信息比识别它们要困难。我们兴许以为自己能回忆起来,但事实上我们只能辨识出它们。其次,我们以为自己理解了,但实际上,我们可能存在误解或者理解得不够全面,但我们并没有意识到这一点。

在一项关于使用视频传授科学概念的研究(Muller,2008)中,学习者们从视频中看到了对物理概念的清晰解释。他们对视频的评价很高,说它很清晰,便于理解。

而另一群学习者先看到的是两个人有关物理原理常见误解的对话,接着才看到了对前述原则的解释。

听了误解讨论的那组学习者,认为这些视频不太容易理解——他们比只听解释的学生更为困惑。但在之后的测试中,第二组学习者的表现要比第一组学习者好得多。

所以,就算第二组学习者感到更困惑,但他们却理解得更透彻。可以说,这必然和第二组学习者主动面对知识差距并调整自己的认知框架有关。

制造摩擦力

学习是个混乱的过程。与混乱互动,解开这团乱麻,有助于将信息嵌入长期记忆。

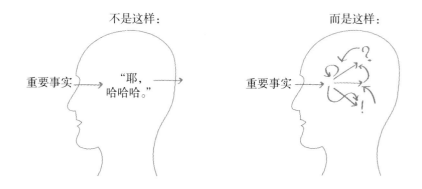

　　像讲座或翻页式电子学习课程等被动体验，仅仅是把信息提供给学习者，它们也会如同水流过管道一般，径直穿过学习者的大脑。如果学习者积极参与，或是对学习材料感兴趣，被动的信息传递系统仍然可以充当有效的工具。但如果学习者哪怕只有少许的心不在焉，这种方法恐怕就没法获得显著的效果。创造学习者与学习材料互动的机会，能让课程更好地调动充满动力的学习者。

　　如果不希望学习材料径直穿过（或绕过）学习者的大脑，那么就需要提供一点摩擦力——在认知角度上，要求学习者细细咀嚼学习材料后才能消化其中的信息。有时候，这也叫作"必要难度"（desirable difficulty）。

　　著名教育心理学家约翰·斯威勒（John Sweller）用"认知负荷"这一术语形容人在特定时间内能处理的信息量（Sweller，1988）。他谈到了内在认知负荷、外在认知负荷和增生认知负荷。

　　假设学习者在网上选修了一门恐龙生物学的课程，那么：

- **内在认知负荷**是学习者想要学习的有关恐龙的具体信息。
- **外在认知负荷**是网络课程烦人的交互界面，它需要学习者努力关注，但又不会增加其对恐龙的知识。
- **增生认知负荷**是"自己设计一头恐龙"等类似的活动。它是老师用来帮助学习者跟所学概念互动的。活动带来了一些摩擦力，有助于学习者跟所学内容进行互动。

　　我常常把学习设计的主要功能描述为"对认知负荷的严格管理"。老师需要想办法提高增生认知负荷，同时将外在认知负荷控制到最低限度。我们已经讨论了不少增强学习者与学习材料互动的方法，它是增加摩擦力的主要途径。这里，我们再来看看另一些方法。

少靠说明，多靠展示

　　凯西·摩尔（Cathy Moore）是一位优秀的电子学习设计师（www.cathy-moore.com）。她有一份项目对照清单，用来评估学习是以指导实践为导向，还是以灌输知识和信息为导向。她考察的标准之一是，课程主要是**靠展示**，还是**靠说明**：

> ……向学习者展示他们的选择将带来什么样的结果，学习者可以从结果中得出结论。
>
> 对比：
>
> ……明确告诉学习者"正确"还是"不正确"，学习者不能自行得出结论。
>
> （Moore，2011）

这一点很重要的原因之一在于，光靠说明太简单直白，展示却带有摩擦力：它要求学习者建立一些知识连接，阐释正在发生的事情。

多靠展示少靠说明，是小说写作的一大关键：

> 就叙述而言，读者完全不需要自行把任何东西拼凑到一起。而借助展示手法，读者有机会在故事中保持主动。对读者而言，如果要他们自己拼凑故事情节，而不是直接把故事写好了呈现给他们，前者显然更能调动人……
>
> 你得让读者有事可做。给予一种途径，让他们成为主动的参与者，通过你留下的蛛丝马迹得出结论，就能调动其投身到故事中，成为故事的一部分。
>
> ——兰妮·戴安·里奇（Lani Diane Rich）：《每日故事迷》
> （*StoryWonk Daily*）

虽然说阅读小说跟课堂活动或电子学习不一样，但借鉴小说的具体写法多少能让学习者成为主动的角色。

还有其他研究对此做了证实。有一项研究（Kuperberg，2006）向受试者展示成对的句子。有些句子很容易就被凑成了一对，因为它们有明显的逻辑关系；有些则需要一定的阐释才能看出关联；另一些句子对甚至没有关系。研究中有一个例子是这样的：

主句："第二天，他的身上满是淤青。"

这句话之前可以接如下几句话：

"乔伊的哥哥一拳又一拳地揍了他。"

（高度因果相关——x明显导致了y。）

"乔伊的哥哥对他火冒三丈。"

（中等因果关系——你可以从字里行间读出些什么。）

"乔伊去邻居家玩。"

（几乎没有关系。）

受试者在中等因果关系的句子对上花的时间最多——它们虽然存在关联，但必须要求受试者将可能的相关点联系起来，才能看出关系。研究发现，大脑的许多区域对这些句子都出现了更高的激活度，而且受试者事后也能更好地回忆起这些句子来。

因此，如果学习者必须自己对所学知识建立联系，可能会对知识和信息记得更持久。

说明	展示
"在这堂讲座中，我们将讨论犯罪分子利用证券交易所洗钱的五种主要方式……"	"你盗用了公款，需要把80万美元的非法所得藏起来。为了洗钱，你要做的第一件事是什么？从下列选项中选择其一……"
"你选择为顾客提供XYZ型号的冰箱，但该型号对这位顾客来说太贵了。ABC型号会是更好的选择。"	"顾客耸了耸肩，说'我再考虑考虑。'，接着就向洗碗机的方向走过去。再试一试，看看你能不能说服顾客购买不同型号的冰箱。"
驾校老师："碰到校车，规定如下：第一，如果灯在闪……"	驾校老师："那么，你觉得校车停下来后，其他车辆的司机最担心的是什么？对——他们会担心孩子们下车过马路……"
"一名女士气冲冲地走进餐厅……"	"一名50来岁、穿着商务套装的女士冲进餐厅，冲你发火。'看！'她说，'我一直光顾这儿，还从没遭受过这种待遇……'"

续前表

说明	展示
"项目管理最大的一个问题是范围蔓延（scope creep）。让我们列出几种可能出现的范围蔓延的情况。"	"好了，同学们，这个星期你们都和项目客户开了跟进会。出现了哪些问题？你们这个星期的交付成果有什么问题吗？"

对下面的 3 种场景，你怎样能把它们从说明变为展示？阅读后面的设计方案之前，请再次思考每个场景。

场景 1：介绍食谱

你听到有人这样介绍一份食谱：

这是一份每天摄入 2 000 卡路里的平衡饮食的例子。它的营养是非常均衡的：包含 55％的碳水化合物、15％的蛋白质和 30％的脂肪。

你可以怎样把它从说明变为展示？

——先想一想你的答案会是什么，再继续往下读——

设计方案 1：

解决办法之一是更直接地让当事人参与进来：

你需要创建一份包含 2 000 卡路里的均衡食谱，其中大约有 55％的碳水化合物、15％的蛋白质和 30％的脂肪。从每一类中选出食物，定制你当天的膳食计划。记得要选数量哦。完成之后，我会计算你的食物清单上的营养信息，看看热量是否足够，配料是否均衡，以及你需要进行什么样的调整来满足要求。

> **场景 2：计算薪酬**
>
> 在确定一位员工的薪酬水平时，你需要考虑该员工的工作年限、资历，并参照其他员工的薪酬水平。
>
> 你可以怎样把它从说明变为展示？

——先想一想你的答案会是什么，再继续往下读——

设计方案 2：

来看一下珍妮的资历和工作史。她晋升到了你所在的部门。你打算给她多少薪资？下面有你们部门其他 4 名员工的相关信息，以及每名员工过往的薪酬情况记录。

> **场景 3：学习软件**
>
> 红色高亮部分表明你点击那里可以打开客户记录。单击高亮显示的区域，然后再单击"下一步"，进入下一个页面。
>
> 你可以怎样把它从说明变为展示？

——先想一想你的答案会是什么，再继续往下读——

设计方案 3：

你认为需要点击屏幕上的哪个位置来打开客户记录？如果你遇到困难了，可以点击"帮助"功能图标进行询问，或请求提示。

社会互动

还有一种增强知识黏性的方法，是依靠社会互动。每一名学习者都将自己的观点和经验摆到桌面上来。分享和辩论是学习某个主题的好方法。

话题讨论可以对学习起到促进作用，例如讨论性骚扰投诉在组织内引发的后果。但如果老师能给学习者提供一个更具体的学习目的，则往往能取得更好的效果。它们可以是：

- 创造某物。
- 共同努力教班上的其他学生学做某件事。
- 从不同的立场展开辩论。
- 调查并反馈（例如，寻找 3 个正例和一个反例，在课堂上分享）。

假设老师正在教学习者撰写优秀的招聘广告，可以用如下方式，让他们进行小组互动：

- 一起为一个职位设计一份招聘广告。
- 研究平等就业指导方针的不同方面，并在课堂上分享。
- 将 5 则广告按优劣排序，并说明原因。
- 从糟糕职位广告中识别出所有问题。
- 上网搜索，找到 3 则优秀的职位广告，在课堂上分享，并说明它们好在哪里。

要求学习者完成以上所有活动，显然负担太重（当然，这些建议也并不全面）。但社会互动是增强知识黏性的一个很好的途径，建议采用多种方式来囊括并利用这些活动。

帮助学习者理解

老师不光是希望学习者记住所学的内容，还希望他们理解。

要确保学习者理解所学的内容，首先要设计合适的学习内容。

合适的学习内容需要满足以下条件：

- 比老师设想的要少。
- 细节要足够，但不要太多。
- 跟学习者相关。

· 跟学习者的认知结构契合，可稍做扩展或重新整理。

记住，老师的主要任务之一是"对认知负荷进行严格管理"。这么做的部分原因是，确保学习者不会被大量的学习内容压垮。

适量的内容

对于学习者来说，多少内容算合适呢？这个量可能比老师想象的要少。工作记忆的容量非常有限（我们在第四章中讨论过），而老师想教授的内容往往比学习者能接收的要多。不妨看看下面的漫画：

老师可以不停地给学习者灌输知识和信息，但没法让他们一下子就全盘吸收。老师应该仔细阅读学习材料，着眼于跟学习者最相关的部分。其他内容，可以以后再教给他们。现在只提供真正必要的东西，这一点一定要严格做到。

举个例子。假设老师想教一个从来没有做过苹果派的学习者怎么做苹果派。到了说明该怎样制作外部酥皮的时候，老师切不可跑题说也可以做成格子派皮或者洒上酥粒末，又或者讨论不同的气孔理论，啰唆地解释面团揉得太久蛋白质会有怎样的反应等。

如果学习者是烘焙新手，请务必只介绍一种烘焙方式，并且等学习者上手实践后再做详细解释。

老师很容易高估学习者对细节的接受程度。要想知道何等程度算合适，最好的方法是尝试。因为这会因人而异。

注意力的平均持续时间

每隔一阵子，我就会看到一些关于注意力的平均持续时间的说法。也许你见过这样的断言："成年人的注意力一般不超过 10 分钟。"也有的说是 15 分钟，又或者是 45 分钟。

仔细想想看，你会发现这种说法很愚蠢。

我家附近有一家电影院，每年长假期间都会连续播放《指环王》系列电影，观众非常多。而且，它放映的是每一部的加长版。

这些电影连续播放的总时长加起来超过 11 个小时。这就是观众的注意力持续时间——超过 11 个小时。

除了饥饿、疲劳、上厕所等限制，一个人的潜在注意力持续时间真的没有限度。真正有限的是人们强迫自己集中注意力的时间。还记得大象吗？如果大象正在和霍比特人愉快地玩闹，集中注意力是很容易的。但如果你要学习者把大象关起来，它们可能就度日如年了。如果你向某人解释医保账户的操作流程，他们能把注意力分给你 10 分钟，就算你走运了。

> 因此，要给出一个具体的注意力持续时间显然不怎么靠谱。它取决于太多的变量——睡了多长时间，是否吃过早餐，对这个主题是否感兴趣，有没有学习动力，演示是生动有趣的还是枯燥乏味的，等等。真的没办法一概而论。

寻找合适的学习量，重要的一步是化繁为简——让学习者检验学习内容，看看哪些地方存在漏洞。开始的时候，学习内容要尽量少，尽量少。如果内容不够，老师会很快发现，因为学习者会感到无聊或存在疑问。知识差距会像水下气垫的漏洞冒水一样，咕噜咕噜地冒出来。如果一开始提供的内容太多，老师则很难发现哪些知识的学习超载了。即便能判断出哪些内容让学习者不堪重负，但还有很多略微过量的知识是没法立刻发现的。

我们已经讨论过怎样吸引学习者的注意力，但老师还需要做一些事来保持学习者的兴趣：

- **有娱乐性**。这是一种有效的方法，但通常也很难做到，尤其是老师并不怎么喜欢当众表演的话。尽管如此，我们还是可以从娱乐媒体（如电影、电视、游戏等）中学到很多如何增强娱乐性的知识。还可以借鉴一些有关提高吸引力的优秀书籍：奇普（Chip）和丹（Dan）的《让创意更有黏性》；南希·杜阿特（Nancy Duarte）的《共鸣》（*Resonate*）；加尔·雷诺兹（Garr Reynolds）的《演说之禅》（*Presentation Zen*）。
- **提问题**。如果学习者必须思考怎样回应，他们想走神就困难多了。
- **稍做改变**。把演示、活动和媒体类型进行混搭。
- **让学习者互动**。如果老师一直要与学习者互动，压力会很大。那么不妨让学习者们彼此交流。
- **让学习者实践**。不要只是开展活动，要在他们实际运用所学的地方开展活动。

避免误解

学习者的误解，也是老师必须应对的问题。这里有一些能避免误解的策略。

首先，老师要知道学习者是怎样理解的。建立良好的反馈循环，让学习者回答问题、给出例子、解释一个想法或概念等方法都能做到这一点。

其次，可以同时使用正反例。如果你小时候在牙医候诊室里读过儿童杂志《点读》（*Highlights*），那么你大概会记得古弗斯和格兰特这两个人物。古弗斯总是做错，而格兰特总是对的。古弗斯会把最后一块水果留给自己，而格兰特会慷慨地分享自己的橙子。古弗斯和格兰特这样的漫画，是将正反例结合起来的标杆。

这种技巧能特别有效地防范误解。例如，我在研究生院学习怎样撰写调查问题的时候，教授会先让我看一些糟糕的示例。

假设老师想教学习者撰写好的是非题，可以先提供一些指导方针：

"好的是非题"指导方针
1. 一次只问一件事
2. 检验知识，而不是记忆力
3. 避免使用限定词

这很好，但老师兴许还想用一些例子来详细说明：

"好的是非题"指导方针	例子
一次只问一件事	驾驶时的最小跟车距离是 4 秒规则（对或错）
检验知识，而不是记忆力	一名体重 59 公斤的女性可以在 1 小时内喝下 3 瓶 12 盎司的啤酒，并确信其血液中的酒精含量符合法定驾驶标准（对或错）

续前表

"好的是非题"指导方针	例子
避免使用限定词	开车时听到救护车鸣笛，应靠边停车（对或错）

上面的例子很有帮助，但加上反例会有怎样的效果呢？

"好的是非题"指导方针	正例	反例
一次只问一件事	驾驶时的最小跟车距离是 4 秒规则（对或错）	驾驶时的安全跟车距离可以用 4 秒规则来测量，或是你和另一辆车之间有两辆车的长度（对或错）
检验知识，而不是记忆力	一名体重 59 公斤的女性可以在 1 小时内喝下 3 瓶 12 盎司的啤酒，并确信其血液中的酒精含量符合法定驾驶标准（对或错）	测定血液中酒精含量的公式是% BAC ＝（A×5.14）/（W×r）－0.015×H（对或错）
避免使用限定词	开车时听到救护车鸣笛，应靠边停车（对或错）	开车时听到救护车鸣笛，应始终立即靠边停车（对或错）

反例在多大程度上有助于阐明我们所描述的概念？在本例中，你可以用五个正例来说明怎样撰写一个问题，无须像阐明概念时用一正一反两个例子。

借助反例的另一种非常有用的方法是，一开始就用它们来呈现信息，而不是从概念入手。例如，如果想教学习者撰写一份优秀的岗位描述，可以给他们看一些糟糕的岗位描述，然后让他们找出所有的问题，然后就可以利用学习者们生成的这份清单来为优秀的岗位描述创建指导方针了。

给学习者指路

我给人指路的时候总是很焦虑。我担心自己说得不够清楚，人们最终会迷路、绕圈子，骂我指路很糟糕。

学习设计也涉及"指路"。理想而言，老师指路时不应该让学习者摸不着头脑地四处乱窜。

那么，你喜欢怎样指路呢？

我会按步骤给出指示，问路的人只需准确地按照指示做就好。

我喜欢勾勒一幅草图，画出所有的主路，再为他们画出要前往目的地的具体路线图。

我一般不喜欢指路，除非我能拿着地图给问路人看，让他们看到全貌。

你知道人们对哪种技能真的不够重视吗？看指南针。应该有更多的人知道怎么拿着指南针给自己导航。

在指路这件事情上，一种做法是把所有的细节都详细地说出来。与之截然不同的做法是，只介绍概念性的方法。其余的做法介乎两者之间。

怎样指路

要想帮助学习者到达目的地，该怎样指路呢？

循序渐进，一步步地指引

要让学习者前往某个地方，老师可以自始至终为他们逐步提供准确的指示。

利：学习者兴许能按照指示迅速完成任务。

弊：如果出现了一件偏离指示的事情，学习者就有可能被困住。

假设你正在给某人指路，这个人对你居住的地区完全不熟悉。你告诉

那个人"在挂着一块紫色大招牌的发廊那儿转弯"。但上个星期，这家发廊变成了一家文身店，文身店老板把紫色的大招牌重新刷上了骷髅图案。于是，听你指路的那个人迷路了。他没有任何自我纠正的办法，因为他对街道全貌毫无概念，对周围环境也没有整体认识，因此也就无法修补认知故障。

如果个性化的指导太容易遵循，那么学习者就不会真正学到东西。

在不熟悉的城市开车，我很喜欢使用 GPS 设备。它比看地图和到处问路简单多了。但这并不是了解城市道路的好方法。如果我想试着熟悉一个新的地方，使用地图的效果会好得多。这就又回到了摩擦力的概念上——付出一些额外的努力，对记忆有帮助。

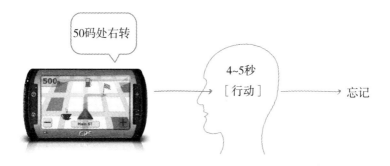

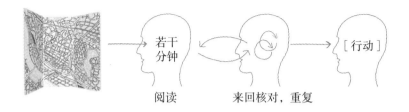

阅读　　　　　　　来回核对，重复

GPS 是摩擦力少的选项。如果只是想让学习者到达那里，那么准确的指示或 GPS 会很棒（有时兴许是最佳选择）。但如果想让学习者学习怎样到达那里，那么就有必要多付出一些努力。

自助导航——学习所有概念和原理

老师可以给学习者传授在操作和排除故障时需要用到的所有概念和原理。

利：学习者真的能了解到该怎么做。即便是被扔到撒哈拉沙漠中央，只要配备了基本的工具，他们也能找到出路。

弊：学到的东西对学习者来说可能是多余的，用不上。

除非学习者需要理解理论层面的内容，否则，他们可以选择更快、更务实的导航方法。让学习者们理解概念、原理、性质需要很长时间。但是，运用知识做些事情并不需要他们先成为专家。不管怎么说，学习所有概念和原理可能并非最实际的解决方案。

寻路——中间地带

我喜欢勾勒一幅草图，画出所有的主路，再为他们画出要前往目的地的具体路线图。

我一般不喜欢指路，除非我能拿着地图给问路人看，让他们看到全貌。

总的来说，这两种极端的做法都是弊大于利。合适的做法兴许介于精确指示和高阶概念之间。因为，老师不仅希望学习者能够到达目的地，还希望他们能完成其他一些事：

- 他们应该有能力将自己学到的知识应用于多种情况。
- 如果事情的发展不太符合预期，他们应该有能力排除故障。
- 他们应该对自己到达目的地的能力有信心。

将所学应用到多种环境中

让学习者把所学的技能应用到具有复杂背景的现实环境中，是指路的一大挑战。

举一个例子。前不久，我学习了一套怎样在 PowerPoint 软件中创建信封图标的小教程（参见汤姆·库尔曼的"快捷电子学习"博客：

www. articulate. com/rapid－elearning）。右下方的图标是我设计的：

好吧，它无法赢得任何设计奖。但对我来说，我
为它付出了努力，也获得了些许成果。于是，我忍不
住想，基于这一学习体验，我还能创建出多少个设计
精良的图标呢？

唔……基本上是零。是的，零，零，零。

我用的是一套相当于 GPS 的教程，一步一步地跟着照做。如果只
靠自己，我根本不知道怎样把它应用到其他设计上。例如，我试着创
建了一个咖啡杯图标。右下方是我设计出的成果：

真不怎么样。它看起来就像是带着把手的卷
筒纸。

是哪里出错了吗？问题不在于教程。它以简明清
晰的步骤指示了它所宣称的学习者能做到的事。如果
我只需制作信封图标，参考它就足够了。

在我不需要逐步指导就有能力制作看起来像样的图标之前，我需
要掌握一些概念和技能。例如，我大概需要知道：

- 怎样确定光源？
- 在哪里添加阴影和高光？
- 怎样添加渐变，调整透明度？
- 怎样进行有趣的构图？

由于我不确定哪些概念和技能是我没有真正掌握的，在这份清单
里，我可能会漏掉一些东西。只通过一个逐步指导的教程，我还不足
以掌握必要的概念。那么，要实现这一目标，最好的方法是什么呢？

可选做法一：观察大量的案例

我可以参照大量不同的图标指导教程进行练习。最终，我能逐渐
识别出制作图标的固有模式，自动地做一些我已经重复了很多次的事

情。这并不是最糟糕的方法，但它兴许会有些慢，因为我必须按不同的指导教程创建很多个不同的图标。如果指导确切概念不太容易，那么参照大量的案例教程进行练习或许是一种可行的方式。

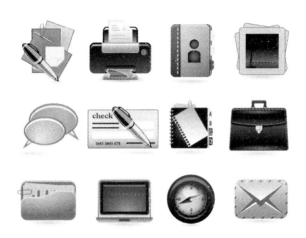

假设老师正在教销售人员怎样与客户建立融洽的关系。在你看来，清晰地说明如何与客户建立融洽的关系是否容易？

大概没那么容易，对吧？有些事情可以说，比如"态度要友好"，或是"要主动提问"，但学习者必须判断该问什么样的问题、问多少问题、什么时候应该停止发问以免惹人烦，等等。

建立融洽的关系，是我们在不断实践、练习和摸索中学到的技能。此类学习，有赖于观察并尝试不同的做法，看怎样才有效。

明规则可以传授，但暗规则一般只能通过观察大量的案例、逐渐识别出模式来学习。销售人员可能有必要多研究建立融洽关系的相关案例，或是亲身体验，以总结技巧。

由于怎样画咖啡杯是有若干个明规则的，所以，仅仅通过观察大量的案例来学习兴许并无必要，效率也不会高。

明规则：
可见，能够准确解释

暗规则：
不可见，难于准确解释，
往往需要依靠经验、实践
来识别模式

可选做法二：告知概念后补充案例

传统的教学方法是先传授概念，然后再用案例解释说明。

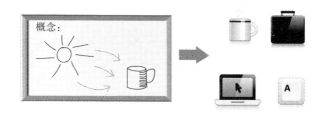

这是一种合理的方法，尽管这么做意味着学习者要在不怎么了解应用背景的条件下先理解概念。

可选做法三：先给出案例，再告知概念

假设你要开车去一个只去过一次的目的地，那么前一次经历属于以下哪种情况，你会更容易记住路呢？

    A. 你自己开车去的。

    B. 你只是车上的乘客。

只要有可能，让学习者亲自实践会有许多益处。方法之一是提供一些案例，帮助学习者识别概念，而不是提前把概念告诉他们。等他们识别出概念后，便可将它应用到其他的案例中去了。整个过程兴许会是这样：

1. 经历一些实践案例。
2. 让学习者从案例中识别出概念。
3. 把之前的案例作为背景，澄清概念，纠正误解。
4. 让学习者把这些概念应用到更多的案例中。

排除故障

前面已经说过，按步骤给出指示存在一个问题：如果学习者出于任何原因偏离了指示，基本上就等于在森林中迷路了。

除非学习者事先掌握了相关知识，否则，他们几乎没有任何方法来排除学习中的故障。

解决这个问题的方法之一是，确保学习者能从更高的层面感知正在发生的事情：

我来看看：他告诉我说，街道是按字母顺序排列的。我现在是在L大街，我要去的是H大街，那我只要知道哪个方向对应着接下来的字母，应该就能找到。

告诉学习者的要少，不要贪多

如果学习者想要举一反三，就需要多练习。但正如前面所说的，逐步给出步骤指示，并不会真正对学习者掌握技能有所帮助。

可以在指示中适当留白，让学习者自己想办法填补；或是告诉他们需要去哪里，但不提供怎样去的所有细节，从而为学习者留出自寻答案的机会。

这有点像是菜谱里"按个人口味添加调味料"的指示。适当留白，而不是直接给出清晰、完整、正确的答案，学习者便不得不自己弄清楚学习过程中的某些细节。

唔，地图上没有这条小河。如果我不想把脚弄湿的话，我必须弄清楚怎么把它绕过去。

确保学习者对自身能力有信心

我从信封图标教程中收获到
的最棒的一点是，我有了一些信
心：要是碰到类似的情况，我可
以制作出看起来不算太糟糕的
图标。

瞧！这是我做的！

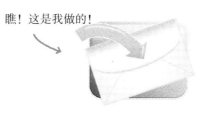

尽管我当时就意识到，这并不是说我不需要指导就能创建好看的
图标，但既然我曾经做出来过，那以后就仍然有可能做出来。

让学习者获得信心的方法：

- **让他们完成实际的任务，而不仅仅是做一些"基于学习内容的
  模拟任务"**。如果学习者看到一些确凿的证据，证明自己真的能
  够运用所学做某件事情，他们就更有可能产生信心。

- **确保他们早期能取得一定的成功**。老师总是忍不住立刻向学习
  者展示所有棘手的和特殊的情况，但最好让学习者先尝到一点
  成功的甜头后再逐步告诉他们这些。

- **让他们着手解决自己的问题**。确保学习者有机会将所学的知识
  应用到个人生活和工作的实际挑战中。

- **让他们自己"开车"**。前文中谈到了这一点，但在此有必要再次
  强调：要尽可能地让学习者自己"开车"，而不是让他们作为车
  上的"乘客"度过学习之旅。

唐纳德·萨里（Donald Saari）教授在《最好的大学老师怎么做》
（*What the Best College Teachers Do*）一书中，谈到了要把故事和提问
结合起来，让学生对微积分展开批判性思考：

> "等我完成这一过程……我希望让学生感觉是自己发明了微积
> 分，只不过，由于出生得太迟，他们才没能打败牛顿。"

一套可遵循的流程

我非常喜欢并且经常在自己的设计工作中使用的一套模型，是迈克尔·艾伦（Michael Allen）的 CCAF 模型。

> 背景：框架和条件。
>
> 挑战：在背景下刺激行为。
>
> 活动：对挑战的身体反应。
>
> 反馈：反思学习者的行为的有效性。

——摘自迈克尔·艾伦《电子学习指南》（*Guide to e-Learning*）

让我们更仔细地看看每个步骤，以及每个步骤在学习设计中是怎样发挥作用的。

场景：SuperTech

你受邀为 SuperTech 客户服务呼叫中心创建一个培训项目。SuperTech 最新款的智能手机产品有一些"有趣"的功能，使客服专员屡屡接到客户愤怒的投诉电话。

本例中，学员（暂时扮演客服专员）应该采用一套三步流程（验证、化解和协助）来应对气恼的客户。

步骤一：判断背景

在判断背景时，我通常会问 4 类问题：

- **任务的整体背景是怎样的？** 例如，它出现在工作流的什么地方？目的是什么？它的使用频率是怎样的？
- **任务的情绪背景是什么？** 例如，学习者在使用知识时是否承受着压力？他们会感到无聊吗？他们会受到干扰吗？
- **提醒学习者需要检索、使用这一知识的触发因素是什么？** 学习者的环境中发生了些什么，使他们感到需要做点什么？

· **物理背景是什么样的？** 学习者置身于何处？他们周围有些什么物体？他们在和什么人或事物进行互动？

如果找到了这些问题的答案，那么这对 SuperTech 的学习设计将产生什么影响？

· **整体背景。** 客服专员每天会接到各种各样的电话。大多数电话是常规通话。愤怒的投诉电话最近一直在增加，但客服专员每班次最多只能处理 3 通愤怒的投诉电话，并且根据班次的不同，有些人兴许好几天都碰不到愤怒的投诉电话。

这有助于判断问题出现的频率间隔。客服专员可能会连续接到两通愤怒的投诉电话，也可能整次轮班都不曾碰到过一个投诉电话。随着时间的推移，次数分散地接触学习材料，有助于提高知识和信息的记忆保留程度。这告诉我们，把学习内容分成若干块后分布在几天内，或许更为合适（我会在下一章对此展开更详细的介绍）。

· **情绪背景。** 客服专员在高压环境下开展业务。公司希望他们每小时完成规定通话量，他们必须对大量不同的产品有所了解。过去，客服专员可以选择把非常气愤的客户转接给上级，尽管公司鼓励他们尽量自行处理。由于 SuperTech 新款智能手机产品出现问题，愤怒的投诉电话越来越多，客服专员因此需要越来越多地自行处理此类电话。只有来电者要求转接主管或出言辱骂时，客服专员才能把电话转接给上级。客服专员被迫走出舒适区，感受到了大量愤怒客户带来的压力。同时，他们虽然面临着如今的新局面，却仍然必须完成每日的目标通话量。

我们希望学习者能够在时间紧迫的情况下从容地应对愤怒的客户，保持冷静。理想而言，训练既要模拟情绪高涨的背景，也要模拟时间的限制。学习者可以从较为平静、时间没那么紧张的场景开始，接着逐步过渡到时间和情绪都更为紧张的场景。

- **触发因素。**客户的语气和措辞是客服专员知道自己应该如何应对愤怒来电者的线索。培训的部分内容应该确保学习者能够识别出自己应该开始采用"验证、化解和协助"流程的迹象或触发因素。

  除了练习"主动"回答"这是个愤怒的来电者吗""我应该对这个来电者使用验证、化解和协助流程吗"等问题，学习者还需要判断什么时候应该将电话转接给上级。这些决策点，应该被设置在学习活动中。

- **物理背景。**客服专员点击电脑屏幕上的一个按钮，表明自己可以接听一通新的电话。他们是通过头戴式耳机接听来电的。他们需要频繁地从计算机屏幕上获得客户记录，但有时还必须主动搜索客户记录。他们可以查阅的屏幕显示内容包括客户购买了什么产品，咨询客服专员的历史记录。

  这告诉老师，如有可能，应该把哪些物品（如客服系统和头戴式耳机）用于培训中。物理背景有助于建立认知关联，帮助学习者按需检索信息。

步骤二：设置挑战

步骤二中，老师要问自己的问题是：在现实世界中，什么样的挑战需要学习者完成？对 SuperTech 这一案例来说，挑战可以是让学习者圆满或适当地处理一定数量的客户来电。

步骤三：安排活动

老师该怎样安排活动，让学习者执行？

——先想一想你的答案会是什么，再接着往下读——

使用预备活动

如果学习者事先有所准备，就能学得更好。发送一封电子邮件，让学习者收集一些恼怒客户的问题，以及若干已经在使用的可行的解决办法，在培训中把它们用作案例（学习者直接把相关信息发送给老师，或者是老师通过公司内部网站来收集相关信息）。

创建电子学习场景

由于学习者的规模较大，且分布在不同地区，因此采用电子学习可能是比较实际的方法。创建学习者需要使用验证、化解和协助流程来降低客户的恼怒程度并成功应对来电的场景。

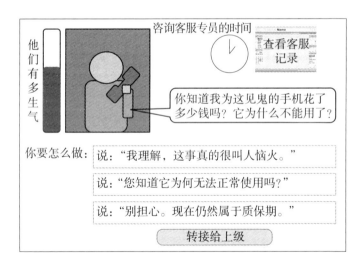

这一设计需要包括多种场景，比如若干个只有转接给上级才能成功应对的场景，再加上一两个不需要使用验证、化解和协助流程（因为客户并未真的生气）的场景。

带领学习者演练第一个场景，是比较有效的初始做法。有些电子游戏的第一个关卡有大量引导性的设定，用于向玩家介绍游戏，你应该有所体验吧？在电子学习中，类似的技术也很有用。第一个场景不限定时间，兴许能帮助学习者熟悉界面，也熟悉验证、化解和协助流程。

理想而言，学习者用不着一次性地体验完所有场景。相反，可以把场景分散到若干天之内，让学习者依次体验。例如，可以让学习者连续 3 天每天处理 3 个场景。这样一来，他们就会多次接触到所学知识，而这也更接近于它们在现实生活中的应用情况。此外，学习者还需要在几天内连续更新自己对验证、化解和协助流程的理解，这将有助于巩固记忆。

请记住，这仅仅是一项识别活动。仅凭电子学习并不能很好地设计成功的回忆性学习活动，因为计算机虽然能就学习者可选的选项给出良好的反馈，但却并不能帮助学习者回忆要处理的事情，例如要说些什么、写些什么。因此，就学习验证、化解和协助流程而言，电子学习或许是一种合理的方式，但并非培养学习者练习使用这套流程的良好方式。

简陋的原型！

前一页中创建的电子学习场景看起来很粗糙，就像用 Power-Point 仓促绘制出来的。我其实是有意为之。它是我为一位客户快速创建的简陋的原型。怎样设计电子学习并不属于本书要讨论的范畴，但我强烈建议使用简陋的原型来为设计打草稿。在创建原型之前，我通常不会花太多时间在设计上。等确定了目标、受众和背景，我会立刻进行布局排版和原型设计。许多不同的工具都可以用于创建原型。但就算只有 PowerPoint，我们也可以借助文档超链接来创建具有相同功能的原型。

使用角色扮演

由于现实中客户与客服专员的互动大多发生在电话中，所以可以在电话中进行角色扮演。

角色扮演可以和老师或其他学习者一同完成。老师或许能更好地扮演一名气愤的客户，但让学习者参与其中，能让他们获得更多的练习机会。

刚开始的时候，老师可以快速设定人物和谈话要点，甚至当着全体学习者的面先进行几次角色扮演，再让学习者们彼此合作。老师还需要示范怎样对角色扮演进行点评，接着，给学习者们下发结构得当的反馈表格，好让他们一起评估整个过程的执行情况。

混合式学习

如果条件允许，结合上述所有策略，借助电子学习场景介绍验证、化解和协助流程，让学习者熟悉该流程，从多个角度更充分地利用角色扮演，会是一种有效的学习体验。通过这种形式，可以让学习者主动练习，而不是被动地听老师讲授流程和要点。

后续活动及辅助工具

支持习得行为的最佳方式，是持续不断地为它提供支持。例如，老师可以分发一份言简意赅的工作协助清单，列出适用于验证、化解和协助流程的策略。更好的做法是向学习者提供模板，让他们自己创建工作协助清单。这样，清单对学习者而言会更有意义。

此外，后续的电子学习场景可以在培训过后的几周里按每周一名客户的速度发送出去，好让学习者保留对整个流程的记忆。可以建立内部网站，利用论坛让学习者记录应对愤怒客户时使用过的有效策略。最佳建议可以通过电子邮件发送给所有学习者。这些设想中的任何一个，都能让学习者不断加深有关所学流程的记忆。

步骤四：提供反馈

在某种程度上，一些反馈选项由活动的性质决定。

电子学习场景中的反馈

在电子学习场景下，可以采用多种方式提供反馈。反馈可以是客户的反应（不只包括客户说了些什么，还可能包括客户的面部表情和语调）。或者采用"温度计"的形式，显示客户是逐渐恢复平静，还是更加火冒三丈。以上两种都是"不光靠说明，还要靠展示"的出色做法。使用更为传统的"说明"来反馈（"选得对！"）当然也可以，但我们希望尽可能多地借助"展示"。归根结底，反馈的主要来源是结果，也就是学习者是否成功平息了客户的愤怒。如果没有，他们恐怕还应该再尝试一次，直至成功。

角色扮演中的反馈

角色扮演中的反馈，不像电子学习场景中的反馈那么一目了然。不过，有一些方法可以让反馈更有效：

- 创建一份反馈表单，让"客户"或旁观者填写，跟踪学习者在整个过程中的表现。这份表单可以将选择题和问答题结合起来，方便人们快速填写，同时保持问题的灵活性（根据上一题的回答跳转到不同的题目）。
- 使用类似的反馈表达，让学习者评估自己在角色扮演中的表现。
- "客户"可以使用一套"温度卡"，代表自己的愤怒程度。当学习者有效地让客户恢复平静后，"客户"可以交出温度卡。如果"客户"的"愤怒"程度上升，他们也可以索回自己的温度卡。如果学习者成功地拿到了至少 80％ 的温度卡，就可以得到这位"客户"的表扬。

持续的指导反馈

说到底，最好的反馈是基于现实场景的持续指导。为了做到这一点，主管或老师可以监听客服电话（这是呼叫中心的常用做法），并为学习者（客服专员）提供详细且具体的反馈。

小　结

· 通过回忆先验知识或元认知等策略，让所学内容更容易被记住。
· 学习中要有一定的摩擦力（认知负荷）。信息传递太顺畅的话，不容易记住。学习者只有频繁地与学习材料互动，才能更好地保留相关记忆。
· 社会互动可能是增加学习摩擦力的有效方式。
· 如有可能，不要光靠说明，要多靠展示。
· 所谓适量的学习内容，一般都比老师想象中的要少。学习内容的量要因人而异。
· 从反例开头，或者多使用反例，是避免误解的好方法。
· 判断需要为学习者提供多少指导，不要随时都想牵着他们的手。
· 好的学习体验应该让学习者感到自信和成功——"就好像是他们自己发明了微积分一样"。
· 可以通过判断背景、设置挑战、安排活动、提供反馈来创造良好的学习体验。

第七章

掌握技能

做某事无须练习就能臻于娴熟，是这样吗？如果答案是"不，不是这样"，那么，你就知道自己应对的是一种技能。

培养技能

不管是对老师还是学习者而言，技能的传授和掌握都需要时间、努力和练习。

在第一章，我们用了一个问题，来判断某件事是否算作技能：

做某事无须练习就能臻于娴熟，是这样吗？

如果答案是"不，不是这样"，那么，你就知道自己应对的是一种技能。

大量的培训声称是要传授技能，但它们其实只是在介绍技能。

单纯地向学习者介绍一项技能，没有什么不对。通过介绍，能让学习者对技能有所熟悉，这是必要的第一步。如果要创建一份学习时长在1小时左右的冲浪简介、玉米粉蒸肉简介或电子表格编辑简介，这就是在向学习者介绍该技能。

但如果想让学习者在某项技能上达到一定的熟练程度，就需要投入更多。

练习是关键

前面已经指出，光是把与技能相关的信息介绍给学习者，并不能让他们的技能变得熟练。销售人员可以记住产品的所有功能，但这只是让他们胜任工作、能够熟练完成工作的一小部分要求。

学习者只有基于相关信息进行练习和实践，才能熟练掌握一项技能。但往往，学习者们只针对某个主题或技能接受了一次培训。例如，公司要销售人员参加一场两小时的产品功能讲座，并期待销售人员能通过这次讲座熟悉相关产品。

但实际上，通过讲座学习到的所有内容，都必须通过实践刻入长期记忆。它需要在工作中加以练习。

呃，你需要全年防护？好的……很好……我看一下选项，我知道我们有产品能做到……呃……我要……找找看……

要么为学习者提供练习和实践的机会，要么让他们自己练习。后者恐怕是一个更痛苦的过程，而且很可能会偏离目标……

我们需要额外采取很多步骤，才能决定用哪一款产品型号。但是……你懂的……我发现，中号差不多就适合所有人，而且，它真的能省下不少文书工作……

首先，让我们（再一次）看看大脑。

当你学习新东西的时候，大脑里发生了些什么呢？你付出了大量努力，随后消耗了大量的葡萄糖。这是一种单糖，也是身体的主要能量来源之一。

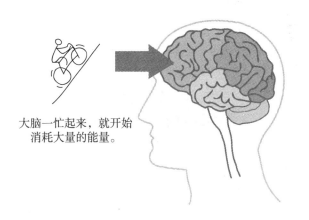

大脑一忙起来，就开始消耗大量的能量。

基本上，学习大量的新知识就相当于认知上的骑车爬坡。你会重度使用大脑的额叶皮层，这是大脑中理性、推理、集中注意力的部位。

它很容易就会变得负担过重。你应该有过这样的体验吧：因为接收的信息太多，头都痛了起来？

那么，使用你本来就知道的信息时是怎样的情况呢？当你使用先验知识或运用熟练的技能时，大脑运转得更高效，消耗的葡萄糖也较少。

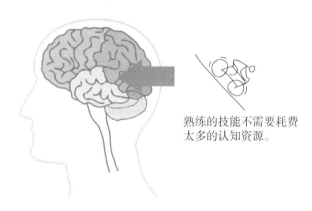

熟练的技能不需要耗费太多的认知资源。

运用熟练的技能，就像是认知上的骑车冲下坡。

下面这幅图（Haier，1992）表现的是，在学习怎样玩电子游戏《俄罗斯方块》时（左），大脑消耗了多少葡萄糖；以及经过几个星期的练习后（右），大脑消耗了多少葡萄糖。就算是玩到难度大得多的关卡，练习后的大脑对能量的需求也会明显减少。

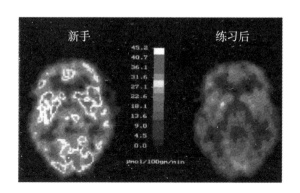

如何设计练习

练习的最终目标是拥有娴熟的技能。它既可能是一个可实现的目标，也可能不是。这取决于学习设计。

新内容不宜过多

大多数学习设计中的新信息都大大超出学习者的认知负荷。

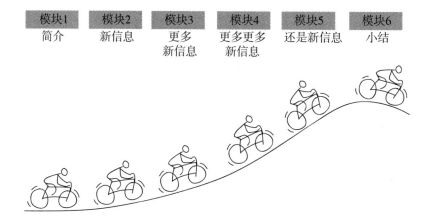

这么做的问题在于，它会让学习者精疲力竭。作为初学者，你真的想一整节课都一鼓作气地骑车爬坡吗？

还可以怎样进行学习设计呢？建议交替使用上下坡，让学习者在进入下一关卡前适应难度并吸收信息。顺便说一下，许多游戏都是遵循这一原则设计的。

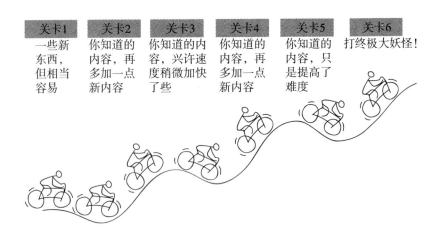

如果无法往上爬，可以反复尝试，直到成功。这确保了学习者不会在没准备好之前就进入困难的阶段，也确保了他们始终处于自己能力水平的最前沿。

有效的练习就像心流

你是否曾经全神贯注地投入一项活动，等到抬头才察觉已经过去了好几个小时？但由于太投入了，你却觉得只过去了 15 分钟。

如果是这样，你应该体验到了捷克心理学家米哈里·契克森米哈（Mihaly Csikszentmihalyi）所说的心流状态。他称之为"快乐、富有创造性、全身心投入的过程"。

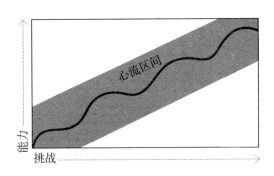

契克森米哈的心流模型有好几个方面，而核心原则之一是能力与挑战之间的平衡。

如果挑战远远超出学习者的能力，那么它对学习者来说可能就太难了，会很快令人沮丧。但如果挑战对学习者来说太容易，就会变得无聊。反过来说，稍微有点难度的挑战，可能会激发人的挑战欲；而稍微容易一点的挑战，可能会让人流连忘返。

只有当挑战的难度和学习者的能力匹配时，他们的心流体验才最容易出现。理想而言，练习应该让学习者在挑战性和满足感之间找到平衡。

把握重点

　　偶尔给予学习者不太费力就能前进的机会的另一个好处是：这有助于让他们把握真正的重点。如果所有信息都是新信息，那就全都是重点，学习者不仅吃不消，而且很容易对学习心生厌倦。

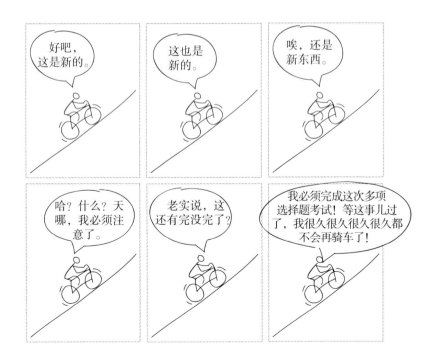

　　在直线爬坡模式下，所有的知识和信息都是新的，全都很重要，结果一切都"丧失"了特别之处。可如果学习者体验到的难度是相对均衡的，那么新的知识和信息便很容易凸显：

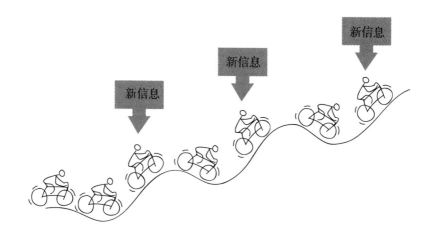

　　新的知识和信息不光会凸显，而且学习者还会有精力去吸收它，不会在面对大量新信息时应接不暇。

　　值得注意的是，如果老师没有为学习者提供休整期，他们就会自己想办法松懈下来。

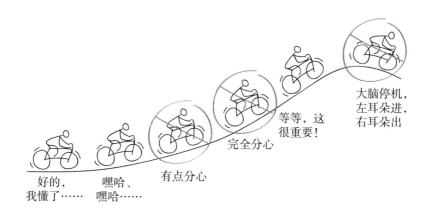

结构得当的练习

我曾跟一位客户合作，对方有一支庞大的销售-服务团队。由于产品很复杂，覆盖面很广，这些员工必须从技术的角度熟知怎样修理机器，学习曲线极为陡峭。我的客户认为，员工们首先是销售人员，其次是服务人员，所以他们对提高销售技能应该很感兴趣。而且，客户还要求销售-服务人员像经营自己的业务一样经营各自的领域，并掌握这么做所需的技能和知识。

当时已有的新员工培训为期两周，客户希望将电子学习模块添加到培训课程中。他们会为新员工提供尽可能多的信息，并期望他们迅速吸收。接着，新员工便在经理的陪同下开展见习工作，并获得相应的反馈。

这就难怪客户想在课程里加入电子学习模块了。他们之前的做法相当于是叫学习者两个星期连续不停地爬坡，好比要把 5 年的新衣服统统塞进像健身房储物格那么大的柜子里。可以想象，学习者很难消化所有的信息，想全部记下来就更难了。于是，许多人上岗之后仍然会有一搭没一搭地学习。在强大的组织文化的影响下，能坚持下来的学习者一般都完成得相当好。但客户认为员工们还能做得更好，于是想要我们设计一套能够随着时间推移更好地培养员工技能的课程。

经过修改，课程大致变成了这样：

- 最初的实体课缩短到了几天。
- 学习者在一名资深员工的陪同下开展见习工作。
- 课程的其余部分分散为 20 多通模拟销售电话，希望在两到三个月内完成。
- 根据每个电子学习模块中的学习内容，后续作业要求在工作岗位上完成。
- 搭建一套现场评估系统，包含所有关键能力（技术的、产品的、销售的，等等）的对照清单，经理按照清单逐一落实学习者能否真正完成所有必要的任务。

·如有需要，再提供后续课程或强化课程。

这一项目并不要求学习者一次性掌握所有的信息。相反，它分散在较长的时间段里。等学习者完成最后几个电子学习模块时，他们已经有了几个月的实践经验来提供相关的知识学习背景。

接下来，主管使用现场评估系统，可以很快地弄清楚什么地方存在差距，并通过回顾相关的电子学习课程以及面对面的指导，尽量填补这些差距。修改后的学习项目能够提供反馈循环，帮忙校验并提高学习者的能力。

分散练习

学习者需要练习多少次？多久练习一次？

场景：垃圾分类

你是一座中等城市的垃圾回收协调专员，教育公众怎样做好垃圾分类是你的工作内容之一。

大多数市民都很注重环保，所以动员大家参与垃圾分类培训课程并不是什么难事。但你注意到，人们并没有将垃圾分类这一习惯坚持到底。

上完培训课后，他们第一次进行垃圾分类时做得很好。但之后，他们很快就忘记了应该怎么做。部分问题在于，常用材料（纸张、易拉罐和玻璃）每隔两个星期才回收一次，而不太常用的物品（一些塑料、电池等）一个月只回收一次。主要问题是，一些类型的垃圾不经常产生。

你会如何安排练习，为学习者提供支持呢？

——先想一想你的答案会是什么，再继续往下读——

为纠正这一问题，你考虑了以下几种做法：

- 在课堂上额外增加 30 分钟，让学习者练习垃圾分类，真正掌握这项技能。
- 连续两周每天发一封跟进邮件，附上一条垃圾分类线上游戏的链接。人们可以通过玩游戏来练习所学的技能。
- 在接下来的一年里，每个月发送一条垃圾分类线上游戏的链接，让人们巩固练习。

如果只能选择其中一种做法来实现垃圾分类这一行为的最大长期留存率，你认为哪种做法的效果最好？

实际上，这个问题早已得到过充分的研究。它基本上是在问：集中练习和随着时间推移的分散练习，哪个效果更好？

为了法语期末考试，进行
12小时的密集学习

还是

为了法语期末考试，连续
12天每天学习一小时

没错，选择集中练习还是分散练习，部分取决于学习内容。但通常来说，分散练习的效果都会更好。

第一次学习某样东西时，人们显然想花足够的时间确保自己较好地理解了学习材料。但第一次学习时的集中练习带来的回报是会随着时间递减的。

间隔多久练习一次

与直觉相悖的是，练习的间隔越长，技能的整体留存度反而越高。从经验和规律来看，不妨按照需要用到该行为的频率来确定练习时间。

假设你正在教琼姑妈怎样给电子邮件添加图片，你希望她真正掌握这项技能，这样她就不必每个星期都找你帮一两次忙了。那么你应该让琼姑妈多久练习一次？

你最好让她每个星期练习一两次。这与她日后使用这项技能的频率相匹配，以便她能够独立娴熟操作。

如果这样做不现实（假设卡洛斯叔叔也面临同样的问题，但他只在城里待一个星期），那么你至少要把练习分散到几天之内。在学习强化期间，睡觉是件颇有好处的事情。睡眠似乎能够巩固人们所学的知识，所以在数天之内分散练习，就可以利用到这一优势条件。

对于垃圾分类培训，最好是每月提醒一次。因为按月执行的项目是学习者最成问题的。值得注意的是，如果把提醒设置在学习者进行垃圾分类的前一天或者前两天，那么这就变成了一项任务。

练习量定为多少

如下几个因素，会影响学习者所需的练习量：

- **方法数**。正确检查患者血压的方法可能只有几种，但正确设计网站的方法却可能有好几百种。如果正确做法有很多种（如网站设计），那么学习者可能就需要更多的练习场景。而对于测量血压这种正确做法相对单一的事情，练习量也就相应地较少。

- **容错率**。和酒水服务流程比起来，安全检查流程的容错率要低得多。容错率低或者不允许出错的事情，往往需要更多的练习。
- **自动化水平**。如果要让学习者达到自动化执行（或无意识执行）的水平，就需要为他们提供更多的练习。
- **反应速度**。如果需要学习者对不常出现的情况做出非常快速的反应，就需要在学习设计中安排大量的练习、角色扮演和分散强化练习。如果学习者有足够的时间思考应对方案，那么让他们知道可以在什么时候、什么地方获取帮他们解决问题的相关资源就更为重要。

为技能练习提供反馈

　　为了让练习达到效果，学习者需要知道自己做得怎么样。这对技能发展尤为重要，因为错误练习有可能比完全不练习更糟糕。技能将变得根深蒂固，而之后想对其进行纠正，需要舍弃所习，忘掉已经自动化的行为。

　　在前一章，我们考察了一些良好反馈的特点。例如，要少说明多展示，要基于结果进行反馈。但在为技能练习提供反馈时，还有其他因素需要考量。

反馈的频率

　　如果你玩过电子游戏，那么你兴许会想"天啦，快来看看这款游戏里塑造行为的反馈机制！"

　　呃……好吧，你兴许不会这么想。但如果你真的这么想过，那不妨奖励自己一块"学习型书呆子"能量包。

　　我之所以再次提到游戏，是因为它们是绝佳的技能培养实验室。而游戏这么擅长技能培养，很大程度上是因为它们有着丰富多样的反馈机制。现代大多数电子游戏每隔几秒就会给玩家提供反馈。哪怕是速度较慢的游戏，也会每隔几分钟就给予反馈。

那么，（不是在学习玩电子游戏的）学习者通常多久能得到反馈呢？最糟糕的场景恐怕要数大学讲堂，因为它只有两次考试——期中考试和期末考试。学生可能会偏离航向好几个月后才有机会被纠正。

好消息是，如果运用"背景、挑战、活动和反馈"模型，又或者是基于结构得当的练习来提供反馈，那么会有大量的内嵌反馈点。老师应该尽量寻找机会提高反馈频率。

反馈的类型

假设你正在玩一款电子游戏，它的直接目标是打死尽量多的僵尸。又假设你每次打死僵尸的时候，都会弹出一个对话框，显示"干得好。你成功消灭了一头僵尸！点击'继续'按钮接着玩！"那么我会把它列入"有史以来最蹩脚的游戏名单"。

提高反馈频率很棒，但反馈需要用各种各样的方式来提供。

如果再次把目光投向游戏，我们会看到，电子游戏使用的反馈机制包括声音、点数、角色反应、得分、视觉线索等。桌面游戏或儿童游戏等现场游戏也有着无须突然叫停行动、明确解释或陈述某事的反馈机制。在桌游《大富翁》里，玩家不会因为糟糕的商业选择而被人说教，但是会"赔钱""破产"或"蹲大牢"。

后续指导

学习体验结束后的反馈，能帮助学习者了解哪里做对了，哪里做错了，应该换什么方法继续尝试。

反馈的频率同样重要。典型的职场是每年进行一次绩效评估。这对塑造行为会有多大的帮助？

是的，基本没用。一年只提供一次指导和反馈，就像预测天气一样：间隔时间越长，越不准确。

弄清楚什么时候需要给予反馈，会有很大的帮助。拟定反馈时间表，应该是学习设计的一部分。

- 你打算什么时候跟进？
- 要评估些什么？
- 采用什么标准？

这给了学习者向目标迈进的机会。

使用明确的、统一的标准，会让反馈更有效。反馈表单或对照列表也能让学习者进行自我评估。这种方法不仅实用，而且有助于让学习者了解标准。

其他跟进方法

如果学习环境无法支持上述的后续反馈和指导，那么还可以通过如下方法来跟进学习者的状况：

- 设置在线论坛，鼓励学习者汇报自己的经验。
- 定期发送附有案例、技巧和机会的电子邮件，让学习者自我评估。
- 开展在线评论，让学习者发布工作情况，从社区获得反馈。

增强成就感

一旦掌握了技能，学习者就应该能够应用它们完成实际任务。例如，艺术专业的学生学习了平面设计后，就能设计宣传册、为网站排版或创建标志等。在进行学习设计时要注重增强学习者的成就感。让我们来看一个例子。

还记得第三章里新上任的餐厅经理托德吗？学习设计者正在为托德和其他新餐厅经理创建一套新版课程。其目标受众是那些在餐厅的其他岗位上（比如服务员、厨房员工等）有着相当丰富的经验、现在正准备晋升管理岗的人。

课程应该涵盖方方面面，从最基本的元素（如怎样核对员工时间表）一直到餐厅业务高层战略思考（如餐厅的市场定位等）。

原有的课程是一系列模块：

- 招聘和管理工作人员
- 订购和库存
- 餐厅财务
- 健康和质量控制
- 安全方面
- 酒吧和饮料销售
- 客户服务
- 营销和宣传

原来的课程内容很不错，但学习者们到岗后仍然很难开展工作。哪怕他们在课堂上做得不错，可一旦进入工作就记不住太多信息了。哪怕能记住信息，也难以应用它们解决问题。学习者最终能掌握这些知识，可大多数人无法做到管理岗，因此用不上高层战略思考等知识，造成了时间和金钱的浪费。另外，就算已经搞懂了日常事务，他们中的大多数人对怎样获得战略视角还是感到十分纠结。

我们讨论了重复和练习对于技能培养的必要性，但眼下的课程设计不允许学习者这么做。学习者学完安全模块后就再也不会复习回顾，尽管他们知道及时发现安全违规行为是管理者的一项重要能力。

在重新设计餐厅经理课程时，学习设计者希望学习者们能够真正掌握必要的技能，做好更充分的准备，以更积极主动的姿态进入工作岗位。他希望课程有助于技能的培养，而不仅仅是知识和信息的传递。他会怎样调整课程，让学习者有更多的练习机会，并多次接触不同的模块呢？让我们看看能不能用类似于游戏的结构来进行学习设计。

游戏如何增强玩家的成就感

我们想要培养技能和专业知识，也略微探讨过游戏在这个方面的优势。在此，我们不妨更仔细地看一看游戏如何增强玩家的成就感。

学者詹姆斯·保罗·吉（James Paul Gee）研究怎样将电子游戏用于学习，他这样形容：

　　要在任何领域形成专长，都需要学习者反复练习，直至掌握技能，并且可以近乎自动地完成。等这些技能过时后，学习者将被迫重新思考、重新学习。接下来，他们会把另一些新技能练习到可以自动执行的水平，却发现它们最终会再次遭到挑战。

　　优秀的游戏能够创造并（通过持续练习）支持专长的螺旋式进阶，检验玩家练习后的掌握程度，接着给出新的挑战，再接着提供新一轮的持续练习。实际上，这就是构成游戏中的优秀节奏的部分要素（Gee，2004）。

游戏是促使这些专长螺旋式进阶的方法之一，是为学习者提供即时、短期、中期和长期成就。

假设在电子游戏《美女餐厅》（*Diner Dash*）中，你扮演的角色是女服务员弗洛。你的即时目标是为顾客安排座位、接单、送餐和收拾桌子。你的短期目标是成功地完成餐厅中的轮班。你的中期目标是升级为一家更好的餐厅。你的长期目标是打赢游戏。如果你在较低级别的目标上失败了，你就无法向更高的目标迈进。你必须不断练习，直至足够熟练，方可取得成功。

游戏研究员塞巴斯蒂安·德特丁（Sebastian Deterding）用下图来揭示游戏结构化的目标流（Deterding，2011）：

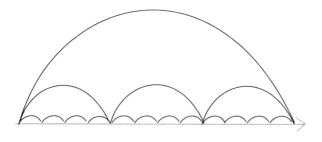

实现短期目标是实现长期目标的必要条件，而长期目标反过来又会推动短期目标的实现。

如果在销售课程中借鉴结构化的目标流，大概会这样设定学习目标：

时间期限	目标
即时目标	收集不同客户及其需求的相关数据
短期目标	根据不同客户的需求判断适合他们的产品和销售方法
中期目标	成功与客户成交（完成销售，安排会面，获得推荐）
长期目标	完成季度销售限额，赢得去夏威夷度假的奖励

因此，在设计销售课程的学习目标时，不能先设定判断客户需求的模块，然后设定产品功能和强项模块，接着设定销售流程模块，而是要设定一连串目标。如果在任何一个目标上失败了，都必须回过头来练习、反复尝试，直至成功。

还有学习设计者把这种方法应用到了教警察识别恐怖主义的可能信号方面（（Allen Interactions，2010）：

时间期限	目标
即时目标	收集不同事故现场的相关信息
短期目标	判断某起事件是否需要报告。如果需要，什么样的数据支持该结论
中期目标	调查二至四起事件后，成功完成一天的巡逻任务
长期目标	阻止恐怖袭击

这种方法有如下几个好处：

- 学习者着手练习了自己需要在现实世界里执行的真实行为。
- 只有掌握了必需的要素，学习者才能有所进展。
- 学习者可以多次接触概念和材料，并通过这些接触来提高熟练程度。
- 学习者可以在高度仿真环境里取得一些成功，因为他们几乎总能实现一些目标。同时，他们还能获得具体的反馈。
- 提高挑战水平，追求新的目标，不停调动学习者的积极性。

借鉴游戏中增强成就感的方法

假设你报名参加一场马拉松比赛，在登记领取号码牌时，组织者告诉你这是一场自由形式的马拉松，你只需向西跑就行，40 千米后就能到达终点。

"向西跑 40 千米"是个准确的目标，但它并不会让人感到很满意，因为你不知道自己是否跑对了方向，也不知道自己取得了多少进展。学习者想知道自己接下来要去哪里，他们想要得到反馈，了解自己在前往目的地的过程中表现得如何。

让我们回到餐厅管理课程。

应该怎样利用即时、短期、中期和长期目标来改变课程结构呢？

下表列出了一种可行的方案。但在看答案之前，不妨先思考一下你会怎么设计。

时间期限	目标
即时目标	应对当班时发生的具体挑战（员工迟到、顾客不满意、文书工作、现金兑换、安全问题，等等）
短期目标	成功完成一次晚餐轮班
中期目标	成功地完成一个星期的轮班当值，包括财务、库存、点单、员工问题等
长期目标	成功地完成一个季度的轮班当值，包括聘用、菜单规划、营销，以及针对下个季度的战略规划

学习者可以首先专注于应付餐馆轮班所需的技能，例如监督员工、文书工作、处理库存短缺等。

接着，学习者可以后退一步，专注于管理餐厅一周所需的技能，例如日程安排、稍长期的员工问题、库存和财务等。

在这之后，学习者可以专注于长期管理餐厅所需的技能，例如季度规划、招聘、团队建设、营销、菜单设计、点单等。

这样一来，学习者不必一次性地了解同一主题的方方面面，紧接着就进入下一个主题，而是可以在一段时间内多次接触到同一主题。例如，可以在单日轮班层面针对具体事故中的安全问题，在星期层面针对为检查做准备的问题，在季度层面针对改进安全记录这一问题。通过这种方式，整个课程中便会多次涉及安全主题。

始终能看到下一个目标，知道自己接下来要做什么，是契克森米哈心流模型的另一个特征。这种结构设计既能为学习者设定好接触学习材料的合适的步调与节奏，也能确保他们始终有另一个目标需要完成，增强其成就感，鼓励他们学完所有内容。

小　结

· 传授技能有两个关键点：提供练习和给予反馈。

· 有效的练习，需要精心设计。

· 随着练习不断增强技能的熟练度，大脑会运转得更高效。

· 要避免在学习设计中大量呈现新信息——这会累垮学习者。相反，在进入下一个新知识点的学习前，要为学习者创造机会，以便他们略微熟练地掌握新信息。

· 如果不给学习者提供休整期，他们就会自己想办法松懈下来。

· 当挑战的难度和学习者的能力匹配时，心流体验最容易出现。

· 一般而言，分散练习比集中练习的效果更好。

· 想让学习者的技能实现自动化和零失误，就要给他们提供更多的练习。

· 通过结构化的目标流和真实的成就感来调动学习者的学习兴趣。

· 使用丰富多样的反馈机制来培养学习者的技能。

· 在培养技能时，尽量让学习者执行实际任务。

第八章

增强动机

如果想让别人使用某样东西，就需要让其相信它真的有用，而且使用起来不麻烦。

前面已经花了大量篇幅介绍怎样吸引学习者的注意力，本章我们着眼于怎样激励学习者去应用所学。有时候，学习者具备了必需的知识和技能，却仍然不能正确做事。学习设计者对此可以做些什么呢？

为什么明知不好还会做

过去几年，无数的研究表明，驾驶时发短信是一件极其危险的事情。

但令人震惊的是，绝大多数人都认同"开车时发短信很危险"，可为什么人们还是会这么做呢？我不知道确切的原因，但我怀疑，这是因为人们有着如下所示的想法：

- "我知道这是个坏主意，但我只是偶尔才这么做一次，我非常谨慎。"
- "我知道这对其他人来说是个坏主意，但我这么做还算安全，因为我的驾驶技术很娴熟。"

• "哈！这有什么大不了的！"

上面的大多数反应都表明，这不是一个知识问题，着手从知识方面加以干预不会改变任何情况。因为"知道"部分不是问题，"做"的部分才是问题。

那么，为什么人们明知道开车发短信是个坏主意，但还是会去做呢？不是因为他们不够聪明。既然这不是一个知识问题，那么，拥有更多的知识恐怕也不会帮上什么忙。

其中的很大一部分原因要追溯到我们前面说过的大象和骑手的故事。经常出现的情况是，骑手明明知道这样做不对，而大象仍然会去这么做。

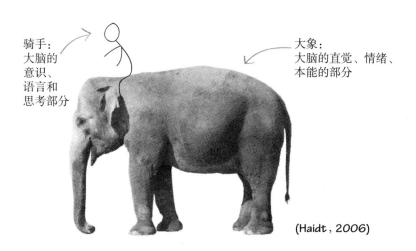

骑手：
大脑的
意识、
语言和
思考部分

大象：
大脑的直觉、情绪、
本能的部分

(Haidt, 2006)

从经验中学习可靠吗

"我知道，但（偏偏还是会去做某事）……"的部分原因在于，人们是从经验中学习的。这很棒（我们可不愿生活在一个无法依靠经验学习的世界中），但这也会带来一些问题。相较于抽象知识，大象尤其容易受经验的影响。

这里有一个例子。假设每 10 次开车发短信中，会有 1 次导致事故（这并非真实的统计数据，仅仅是为了便于讨论举个例子罢了）。让我们来看一看两名司机关于开车时发短信的经验：

	司机 1	司机 2
第一次	顺利	顺利
第二次	出现一场讨厌的轻微交通事故	顺利
第三次	不再发短信	顺利
第四次	不再发短信	顺利
第五次	不再发短信	顺利
第六次	不再发短信	顺利
第七次	不再发短信	顺利
第八次	不再发短信	顺利
第九次	不再发短信	顺利
第十次	不再发短信	出现一场重大交通事故

两名司机都从经验中学习，但司机 2 从经验中学到的是，开车时发短信是很安全的——看，所有的经验都证实了这一点！直到天降横祸。

这就是为什么人真的很难去做现在需要采取行动、事后才能知晓结果的事情——大象靠直觉和本能驱动。看看这些典型的"我知道，但（偏偏还是会去做某事）……"类的活动。

活动	即时的后果	延迟的后果
吸烟	尼古丁带来的快感	肺癌

续前表

活动	即时的后果	延迟的后果
为退休储蓄	钱变少了	更多的钱
锻炼	很累	漂亮的腹肌
甜甜圈	真好吃	不敢站上体重秤

这些活动要求大象为了将来的一些收获而牺牲眼前的东西，但只有现在正在发生的事情和即时后果带来的经验，才能真正说服大象。骑手知道这和未来的结果存在关系，但不管未来的结果是什么，它都太过遥远和抽象，无法影响大象。

记住：改变很难

像戒烟这种事执行起来很困难，但如果能让大象参与计划，那么任何需要付出额外努力的事都会变得容易很多。

特别是，改变一种现有行为模式可能需要来自大象的努力。大象是一种习惯性的动物。也就是说，如果大象习惯向左走，那么它必须

付出相当多的有意识的努力才能往右走。

在考察影响学习者的行为的方法之前，有一点必须说清楚：它们绝不是为了诱导学习者，让他们顺从。相反，它们的目的在于创造一流学习体验，让学习者更容易成功。

学习者学做某件事所积累的经验，会对他们以后做决定产生影响。

增强动机的两种模型

那么，可以运用哪些策略，增强学习者应用所学的动机呢？

技术接受模型

技术接受模型（technology acceptance model，TAM）（Davis，1989）考察的是哪些变量会影响人们采纳一项新技术。它得到了充分的研究，虽然也遭受过批评，但我发现它仍然十分有用。这套模型的核心是两种变量：

感知有用性	感知易用性
学习者是否认为这一改变对自己有用	学习者是否认为这一改变易于使用或执行

这不是一个复杂的概念——如果想让别人使用某种东西，那就需要让他们相信它真的有用，而且使用起来不麻烦。

技术接受模型针对的是新技术被采纳的问题，但这些变量在其他的很多领域中也很有意义。

在设计任何需要采用新技术、新系统或新实践的课程（我做的所有事情差不多都需要）时，我都牢记着技术接受模型。我提出的问题包括：

- 新行为真的有用吗？
- 如果有用，怎么让学习者知道呢？

- 新行为便于使用吗？
- 如果新行为不便于使用，可以做些什么来改进它呢？

创新的扩散

另一个非常有用的模型来自埃弗雷特·罗杰斯（Everett Rogers）的经典作品《创新的扩散》（*Diffusion of Innovations*）。如果你还没读过，不妨去买一本。这是一本非常有趣的读物，塞满了有趣的案例研究和有用的东西。我想在此重点讨论的是，罗杰斯认为什么样的感知特点会影响用户接受或拒绝创新：

- **相对优势**。在用户眼里，创新比它所取代的事物优越多少？
- **兼容性**。在用户眼里，创新与现有价值观、过往经验和需求有多高的一致性？
- **复杂性**。在用户眼里，创新的执行难度有多高？
- **可观察性**。创新的结果对其他人有多高的可见度？
- **可试验性**。在有限的条件下对创新进行试验的机会有多少？

（Rogers，2003）

这显然与技术接受模型的内容存在部分交叉。如果我要就一套新系统进行学习设计，我将借鉴这个模型来分析学习者的心理和动机：

- 学习者会相信新系统更好吗？
- 是否存在需要解决的兼容性问题？
- 我们能做些什么来减少复杂性？
- 学习者有机会看到它被使用吗？
- 学习者有机会亲自尝试吗？
- 学习者有机会借助新系统获得一些成功吗？

如果学习者真心不想做某件事，那么围绕以上要素进行学习设计，恐怕也不会改变其心意。如果一套新系统、新流程或新概念执行起来非常痛苦，那么无论给学习者多少尝试的机会，他们都将失败。

增强动机的策略

提高自我效能感

简单说，自我效能感就是人们对自己能否获得成功的信念。基本上，它是一台能让人成功的小引擎（"我认为我可以……我相信我能够……"）。

你认为这两个人里谁更有可能去尝试
一种新方法或新流程？

在本书的前面，我提到过一套针对中学生毒品和酒精上瘾的预防课程（www. projectalert. com）。该课程的关键要素之一是培养学生的抵抗力和自我效能感。

应对涉及毒品、香烟和酒精的同伴压力，是另一个经典的"我知道，但是……"场景，对吧？举个例子，孩子们开始吸烟，不是因为他们不明白吸烟有害。他们这么做显然还有其他原因。研究表明，学生们需要做出正确决定的环境，往往充斥着紧张的情绪和巨大的压力。在这种情况下，充满自我效能感的决策和行动会带来很大的不同。

参与预防课程的学生反反复复地练习自己碰到这种情况时将怎样处理。他们准备好陈述，并在角色扮演场景中逐一尝试。此外，他们还拥有来自课堂中的同伴群体所给予的信心，这些同伴也会分享自己碰到类似的情况时所采取的策略。

除了胜任的感觉之外，如果学习者觉得必要的任务或技能在自己的可控范围之内，也会有所帮助。

社会及发展心理学家兼研究员卡罗尔·德韦克（Carol Dweck）对五年级学生进行了一项实验（Mueller & Dweck，1998）。她让学生们解决一系列问题。做完题后，研究员告诉一半的人"你在这些问题上一定很聪明"，告诉另一半的人"你一定在这些问题上下了苦功夫"。接着，她让学生们尝试后面的任务。

德韦克对结果这样描述：

> 我们发现，称赞智力往往会让学生陷入固定的思维模式（智力是固定的，你拥有它），而称赞努力往往会让学生获得成长的思维模式（因为你努力工作，所以才培养起这些技能）。随后，我们给学生提供机会，让他们去着手完成一桩需要学习的挑战性任务，或是一桩简单的、能保证不出错的任务。大多数被称赞聪明的人想去完成简单的任务。而大多数被称赞努力的人想去完成挑战性任务，并得到了学习的机会。

学生们在完成随后的任务时，那些因智力（这是他们无法控制的东西）受到称赞的学生表现得比最初要差。而那些因努力（这是他们能够控制的东西）受到称赞的学生总体表现得更好。

好吧，这似乎对孩子很管用，但有什么办法能增强成年学习者的自我效能感呢？

场景：玛丽安娜

让我们回到第一章提到的玛丽安娜。你兴许还记得她是公司信息技术支持部门的新任主管。她过去是一名出色的信息技术支持员，现在她获得了晋升，管理着另外五名信息技术支持员。

人力资源部门送她去参加了管理培训。在那里，她学习了管理小时工所必须处理的所有文书工作，以及为直接下属提供良好、及时反馈的指导模式。

玛丽安娜在上岗后的头几个星期不太顺利。她淹没在文书工作里，不得不非常努力地跟上工作进度。其他的主管似乎也都专注于处理文书工作，所以玛丽安娜并不确定自己哪里做得不够好。

她的两名员工逐渐开始迟到，而她并不愿意直接和他们对峙，因为她不想让人觉得自己升职了就变得专横跋扈。她尝试使用培训课教授的指导方法。但它只对一名问题员工产生了少许效果，而对另一名员工则完全没用。由于玛丽安娜越来越忙，她并没有真正完成指导过程的所有步骤，而且她也并不觉得这么做有帮助。

玛丽安娜的经理察觉到了她的问题所在，想为她安排更多的管理培训。

可以怎样进行学习设计，增强玛丽安娜的自我效能感？

——先想一想你的答案会是什么，再继续往下读——

从练习入手是非常合适的，她可以先和自己的主管或者其他能为自己提供良好、及时反馈的人进行角色扮演。她还可以效仿一些成功运用了辅导模型的主管，借此观察辅导模型是怎么起作用的。她可以试着先在较小的问题上使用辅导模型，而不是一开始就用它来解决某个大问题。如果运用辅导模型解决了较小的问题，她就能在处理更棘手的问题时获得更大的信心。此外，她可以通过一些非惩罚性的活动（比如，以积极方式发展团队）练习巩固自己作为主管的权威。这将使她更自信，有助于将来处理更具有挑战性的问题。

如果学习者的主要问题是对新行为感到害怕、焦虑和不适，那么练习就尤为重要。

在洗手的例子中，我们发现，告诉同事其手部不够卫生这一行为本身就很成问题。没有谁会想跟同事进行如此尴尬的对话。

很可能，只有通过练习，卫生保健人士才能避免采取这种让人不适的谈话方式。同样，青少年只有通过练习，才能有效拒绝他人递来的香烟、酒精或毒品。卫生保健人士大概也需要练习怎样温柔地提醒同事：在检查患者之前应该使用消毒凝胶。

带着挑战和问题

除了提高自我效能感，还有其他方法能帮学习者增强应用所学的动机。我们知道大象是一种习惯性的动物，它喜欢根据自己的直接经验行事（还记得开车发短信一例中的第二个司机吗?）。

熟悉的老路

转换路径需要付出努力。让学习者看到新行为可以解决的问题，能大大增强保持这些行为的可能性。

训练和保持新行为的另一种方法是，先让学习者沿着新路走几步。也就是说，让学习者主动琢磨自己要怎样才能应用所学来处理具体的挑战或任务，并在从理论到实践的思考过程中加深对这些知识和技能的理解，从而为将来应用它们做好准备。

关于怎样借助场景让学习更加生动、吸引人，我们已经谈了不少，但最好的场景是学习者实际遇到的问题或挑战。

这里有一些例子：

主题	设计
如何撰写更好的绩效考核意见	让学习者把需要写的绩效考核意见带到课堂上，围绕撰写意见书组织活动并讨论。到课程结束时，每一名学习者都有了一份真实的绩效评估意见书草稿
填写纳税申报单	让学习者自己动手填写个人纳税申报单

续前表

主题	设计
说泰语	让学习者想一想自己希望聊些什么（孩子、音乐、食物、政治、自我介绍），接着让他们学习怎样用泰语谈论些话题
项目管理	让学习者自备项目文件和关注的问题，并准备好讨论这些问题所需的材料。用课堂上的部分时间让他们研究处理这些问题的办法

这个方法大有裨益。

首先，它让学习者想象怎样在自己可能遇到的实际情况下应用所学。他们开始构思各种可能性，并琢磨怎样克服障碍。

其次，它让学习者在尚有支持的条件下，应用所学进行一定的练习。

再次，它能增强学习者的动机。学习者已经对新行为的养成投入了一定的时间和努力。行为经济学家喜欢提到沉没成本和损失厌恶——人们会很不愿意放弃自己已经有所投入的东西。

最后，如果学习者已经部分跨越了习得新行为的障碍，要他们继续保持新行为也就不需要花费多大的力气了。

因此，只要可行，一定要让学习者带着具体的挑战和问题去练习新行为。

发挥意见领袖的作用

我们已经说过，吸引大象的一个好方法是，告诉它其他大象都在这么做。

增强社会认同的诉求（你应该还记得我们在第五章讨论过——人们倾向于根据周围人的行动来开展行动）不仅有助于吸引学习者的注意力，还很适合鼓励他们保持新行为。

此外，我们不可能事事精通，因此向我们尊重和信任的人求助，是一种很棒的策略——很多时候，这也是一条有效的捷径。如果这些人告诉我们某样东西有用，我们就更有可能亲自尝试。我的几个朋友要是建议我做某事，我极有可能会照做，因为我相信他们的意见。

我参与设计过一些客户公司的培训课。课程开始时，首席执行官或副总裁会发出"这门培训课十分重要"的信息。这很好。知道项目得到了高层的了解和支持是件好事——我想你会说，这让它具有了权威感。

但说真的，在你的工作中，谁是或者谁应该是真正的权威人士？是首席执行官，还是隔壁的格子间里经验比你多5倍的人？如果你在亚马逊上购物，你会认为谁的意见更重要——是在封面上向你保证作者是天才的出版商，还是19位一致表示"（这本书）真无聊"的读者？

帮助青少年预防毒品的项目借助有影响力的意见领袖向孩子们传达别碰毒品的理由。诚然，"有影响力的意见领袖"在不同情况下的所指不同。如果你是一名13岁的学生，你最看重谁的意见？

家长？

老师？

警官？

16岁的青少年？

显然，这取决于 13 岁的孩子自己。但一般而言，对初中生来说，高中生决定了什么酷、什么不够酷。为此，预防毒品的项目并没有花太多的时间在成年权威人士的讲座上，而是让青少年来讲述自己拒绝毒品的经验，以及怎样做出明智的选择。

所以，在针对某个主题进行学习设计时，一定要清楚在学习者眼中，谁才是真正对他们有影响力的人。关于怎样把意见领袖的建议带到学习者的面前，可以参考以下方式：

- **介绍成功案例。** 可以通过内部网站公告、论坛发帖、电子邮件群发等方式来传递成功讯息。如有可能，可以写一些小故事，介绍某人应用所学取得了良好成果——让这个人变成标杆和榜样。

- **先调动意见领袖。** 让意见领袖参与活动规划或课程设计。借用他们的个案，或是请他们指导别人。
- **公布成功者名单。** 许多游戏会通过排行榜的形式来显示谁的得分最高。虽说公布表现不佳者的名单会带来事与愿违的结果，但公开展示成功者名单可以鼓舞他人。

直觉事关重要

大象不仅会受到同伴鼓励等外部因素的影响，还会受到直接体验和强烈情绪的摆布。视觉冲击和直觉体验，会左右学习者的选择。

例如，在第五章的选蛋糕还是选水果沙拉一例中，如果蛋糕真的摆在人们面前，人们很可能会选择它。但如果选择更抽象（比如只展示图片），那么人们就会表现出更强的自制力——选择水果沙拉。

回想一下前文边开车边发短信的问题，我们怎样才能让改变这一陋习变得更符合直觉、更发自内心呢？这里有几种方法，可以做到这一点：

- 《纽约时报》推出了一款互动游戏，测试人们在边开车边发短信时变换车道的能力。它测量的是，某人一边试着处理令人分心的事务、一边变换车道，反应时间会慢多少。受试者直接体验到了注意力的有限。遗憾的是，游戏模拟得不够逼真（受试者是通过按键盘上的数字键来变换车道的）。

- 2009 年，威尔士特温特地区的公安部门赞助制作了一段少女开车的视频。女孩边开车边发短信，就在这时，汽车越过了中线，撞上了迎面驶来的汽车。一场可怕的事故发生在受试者的眼前，他们可以看到这场事故的每一个细节。

二者都是与直觉有关的体验——其一是模拟体验，其二是观看让人情绪痛苦的视频。很遗憾，这两种方案的效果如何，我没有找到相关结论。然而，根据我的经验不难推断孰优孰劣，因为每当我开着车想要发短信时，那段视频里的画面就会闪现在我的脑海中。

虽然吓唬手法一般无法改变行为，但强烈的直觉体验似乎真的很有效，尽管对此还需要更多的研究。

不断强化

以上的所有建议和策略都有用，但需要铭记在脑海中的最重要的一点是：

> 改变是个过程，而不是能够一次性完成的事情。学习者改变行为是一个需要不断强化的过程。

强化新行为的方法，全都是我们已经讨论过的内容。它们本身不是新概念，但是很重要。要有耐心！尽管所有学习者一开始都下定决心，有意识地努力实施新的解决方案或创新技术，但如果这一行为未能得到强化，他们仍然很可能中途放弃。因此，考虑怎样长期强化学习者的新行为就显得尤为重要。

小　结

- 进行学习设计时，需要考虑学习者的两种动机：学习的动机和应用所学的动机。
- 如果听到学习者说"我知道，但（偏偏还是会/不会去做某事）……"，那么就应该在进行学习设计时增强他们应用所学的动机。
- "我知道，但（偏偏还是会/不会去做某事）……"常常出现在反馈或结果延迟的时候。
- 人们会从经验中学习，但如果从经验中学到了错误的东西，就成了问题。所以经验有时候并不可靠。
- 为了增加应用所学的动机，要让练习中的反馈或结果清晰可见。

- 人是受习惯左右的生物。增强应用所学的动机，就是摆脱旧习惯，养成新习惯。
- 有用性和易用性是学习者是否愿意应用所学的关键。
- 让学习者带着实际生活和工作中的问题或挑战投入到学习中。
- 增强学习者的自我效能感，有利于提高他们成功应用所学的信心。
- 对学习者而言，谁是意见领袖？将他们的个案添加到学习设计中。
- 直觉体验比抽象体验的冲击力更强。
- 改变是个过程，而不是能够一次性完成的事情。

第九章

形成习惯

良好的习惯对成功至关重要，该怎样培养习惯？

什么是习惯

按照定义，习惯指的是"一种后天习得的，并最终变为几乎无意识的有规律的行为模式"。

我们对什么是习惯都有基本相似的认识。让我们来看看，习惯是怎样形成的。

两位项目经理的故事

琳达和安梅是一家软件开发公司的项目经理。

她们都是认证项目管理专业人士（PMP），并且都有多年担任项目经理的经验。两人都度过了极具挑战的一个星期。让我们来看看她们是怎样处理项目经理要面对的一些日常挑战的。

挑战：一名外包员工声称自己不知道交付的截止日期。

琳达：我知道我们谈过此事。我肯定能从我的发件箱里找到双方讨论日期的电子邮件。

安梅：他是知道的。每次跟进日程安排，我都会要求所有团队成员提交一份签收表。

挑战：开发人员开会迟到。

琳达：真叫人头疼，对吧？但我明白是怎么回事。要是不等所有人都到齐就开始，我只会多次重复。

安梅：我碰到这种事情的时候不多。因为人们很快就会知道，我总是准时开会。

挑战：一位客户需要对一套旧项目进行升级。

琳达：那个项目的开发人员上个月辞职了。我们去问问谁接手了她的所有文件。

安梅：每个重大阶段结束后，我都会收集项目的完整文件，并把它们存放到服务器上。

安梅和琳达之间的区别并不一定体现在知识和信息上。这两位项目经理都充分地掌握了项目管理的知识，并通过了认证考试。这可不是一门容易的考试。

她们之间的区别似乎更多地体现在沟通、组织和应对突发事件的习惯上。而这也跟我对大多数项目经理的认识吻合。

那么，怎样才能帮助他们形成良好的习惯呢?

剖析习惯

我们已经知道了习惯的定义（"一种后天习得的，并最终变为几乎无意识的有规律的行为模式"）。这里，我们不妨把它拆分得更细一些。

- **习惯是后天习得的行为模式**。对想要养成习惯的行为，我们一般需要学习。举个例子：我们并非天生就有用牙线清洁牙齿的本能，而需要后天形成这一习惯。不过，和许多习惯一样，使用牙线不是一个特别复杂的行为。它非常简单，不涉及多少技能。但显然，教人使用牙线并不能神奇地让他们每天都使用牙线。因此，学习有关某个行为的知识和信息是形成习惯的必要条件，但并非充分条件。

- **触发因素**。大多数习惯养成模型，都包含识别和激活习惯的触发因素。它可以是随意附加到新行为上的触发因素（"我早晨喝第一杯咖啡的时候，就吃维生素"），也可以是日常生活中自然发生的触发因素（"每当下属发送电子邮件向我汇报工作时，我都会花几分钟给予他们反馈"）。"几乎无意识的"行为需要某种东西来激活它。斯坦福说服技术实验室的 B. J. 弗格（B. J. Fogg）把触发因素作为行为模型的关键部分（行为＝动机＋能力＋触发因素）。

- **反馈**。给予良好、及时反馈的习惯，往往最难形成。在《习惯的力量》（*The Power of Habit*）一书中，查尔斯·都希格（Charles Duhigg）提到过，白速得牙膏（Pepsodent）添加了柠檬酸和薄荷油等物质，使用后给人一种清凉的洁净感，从而强化了人们刷牙的行为，尽管这些清凉的刺激化合物对牙齿的清洁度并无影响。如果反馈延迟或缺乏反馈，那么习惯往往很难养成。例如，除非你足够幸运，即刻从锻炼中获得足够多的内啡肽，否则你可能需要过上几个星期或几个月才能看到每天慢跑的好处。坚持一项没有显而易见的好处的活动很难，所以大多数开始执行锻炼计划的人都会尝试用某种方式量化自己的进展。例如，Fitbit 等健身跟踪装置可以确保你更快地看到进展。

· **练习或重复。**根据我们的定义，如果某事并未"变成几乎无意识的有规律的行为模式"，那么它就不能被称为习惯。我们大概都听说过养成习惯需要多长时间（7 次，或是 21 天），但很遗憾，真正的答案是视具体情况而定。它取决于行为的复杂性和难度，取决于为支持行为建立的机制，取决于反馈的存在，以及形成习惯的动机。

· **环境。**环境对习惯的形成是否提供了充分的支持，也是一个关键要素。我们将在第十一章详细探讨这个问题。举个例子，如果在特定的时间点和地方有现成的牙线可供使用，那么我使用牙线的概率将大幅增加。支持环境还包括创建社会支持，例如，找一名同伴一起锻炼，或是向某人阶段性汇报习惯养成的进展。改变不良习惯，需要从环境中去除坏习惯的触发因素。

一个朋友想要改掉睡前玩手机的习惯。她发现，自己因为有了手机这一消遣物，睡觉越来越晚。她可以把手机彻底放到卧室外面（有人为了戒掉开车发短信的习惯，会把手机放到汽车后备厢，这两种做法的道理是一样的）。但她的家人有时会在夜里找她，所以她希望能听到电话铃声。她决定把手机放在床头柜的抽屉里——距离足够近，能听到铃声。但因为没有了看到手机这个视觉触发因素，她大大减少了在睡前玩手机的频率。

自动化行为的好处

行为的自动化，是一个我们反复提到的概念。我们在定义它时使用了这样的措辞："变为几乎无意识的有规律的行为模式。"如果没有达到自动化水平（也就是不假思索就能做），就并未真正形成一种习惯。所有这些术语——直觉的、无意识的、本能的，都与大象有关。

熟悉的老路

刚开始养成一种习惯时，依靠的是意志力。如果这是一个特别费力才能形成的习惯，就需要极强的意志力。但如果坚持下去，随着这一行为自动发生，它的执行会变得越来越容易。

如果某一行为变得足够自动化，那么做某事实际上比不做某事更容易。系安全带就是一个很好的例子。你经常系安全带吗？如果你没有养成系安全带的习惯，你也应该系上它，对吧？

但如果你是个习惯了系安全带的人，如果不系，会发生什么呢？比方说，你是否碰到过要把车挪动一小段距离（比如挪到旁边的停车位上），但没系安全带的时候？这不会有什么危险，你的车速不会超过每小时 20 公里，周围也没有别的车或者障碍物——但你的感觉就是不对劲。虽说基本不可能碰到危险，但不系安全带仍然会带给你不安全、不舒服的感觉。

即使你不会开车，你也可能碰到过类似的情况。比方说，如果你需要比平时晚一站下公交或地铁，或者你没能按照晨起的惯例做事。

每当你决定行动或不行动时，你都是在实施该行动需要付出的努力和该行动带来的潜在好处之间做出权衡。系上安全带显然有好处，但这种好处并不是显而易见的。在需要系上安全带才能避免事故发生之前，你可能会"白白"系上数千次安全带。如果你每一次系安全带，都必须有意识地动用意志力——也就是说，你为第 1 000 次系安全带所付出的努力与第一次几乎相同——那么，在这一行为没有给你带来明显好处的时候，你就很难坚持系安全带，并让系安全带变成习惯。一旦你能自动地系安全带，你要付出的意志层面的努力就非常非常小了。

识别习惯差距

那么，能处理某项程序性任务（或掌握某项技能）和形成习惯之间存在什么样的差距呢？答案是，前者需要付出有意识的努力，而后者能自动完成。

很多习惯都不需要太多技巧。我的牙科保健师可以解释用牙线剔牙的技巧，但我压根不需要知道这些。在我看来，使用牙线是一项程序性任务，不算技能。所以，如果我并未经常性地使用牙线，导致这一差距的不是我不擅长用牙线洁牙，而在于我没有形成这个习惯。我需要弄清楚怎样让使用牙线变成一种自动化行为，而不必耗费太多意志层面的努力。

> 识别差距：无须付出太多意志层面的努力，它就可以自动完成吗？

但如果差距不是那么一目了然呢？

> 习惯的形成有可能建立在习得技能的基础之上。

我在大学时做过贷款申请书数据录入的工作。贷款申请书包含大量数字，这让我习惯了使用键盘右侧的 10 个数字键。

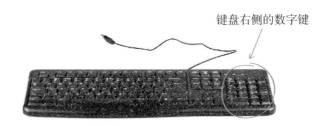

键盘右侧的数字键

　　即使到了今天，如果需要输入数字，我仍然会十分自然地使用键盘右侧的数字键。而如果使用的是一台没有数字键的笔记本电脑，我会觉得非常别扭。

　　如果未曾练习使用数字键（这是一项需要练习才能掌握的技能），那么我很可能不会形成这个习惯。但现在，这一技能反而成了一种习惯。只要有数字键，我都会不假思索地使用它。

　　使用牙线和用数字键输入都是非常简单的程序性任务或技能。让我们来看一个更复杂的例子，看看它的哪些部分属于习惯。

示例：时间管理

　　人人都同意，时间管理在我们的个人生活和职业生活里是一项不可或缺的技能。让我们来关注一下工作中的时间管理。时间管理是一种习惯吗？

　　实际上，时间管理是一系列行为的集合。这个范围过于庞大，不能说是一种习惯。但它又包含了若干种习惯。

　　弗朗西斯·韦德（Francis Wade）在《基于时间的完美生产力》（*Perfect Time－Based Productivity*）一书中，确认时间管理不是若干琐碎行为，而是一系列由若干个较小行为构成的重大行为，包括捕获、清空、投掷、行动、存储，等等。

　　他将"捕获"定义为"将时间需求（如任务或待办事项）储存在一个安全的地方以便日后检索和处理的过程"。

我一直为时间管理感到烦心。我的一些待办事项堆叠在电子邮箱的收件栏里；一些书写凌乱的便利贴，贴在计算机的显示器上；一些随意地记录在笔记本里；一些设置在手机的提醒事项应用程序里；一些只记在我的脑袋里（真不幸）。

韦德认为，做好时间管理的部分习惯包括：

- **随身携带一个记录设备。**本质上，这就是一种随时随地把你需要做的事情记录下来的习惯。这个记录设备可以是笔记本、智能手机应用程序、录音机或任何适合你的东西，但最重要的是确保自己随身携带它。

- **手动记录。**第二个习惯是真正使用你的记录设备，而不仅仅是随身携带它。这指的是在笔记本上把事情记录下来，或是把事情添加到智能手机的提醒事项中。

- **巩固和整理。**这包括把其他地方（电子邮箱、短信等）的任务或待办事项汇总到主要的记录设备上，而不是把它们记录在若干个不同的地方。

这些项目无一需要高超的技能，也没有陡峭的学习曲线。它们都是很简单的行为。但要让它们成为时间管理实践的常规部分，的确需要把它们变成自动化行为，也就是习惯。

背景和触发因素

每一个习惯的背景和触发因素略有不同。举个例子，第一种习惯（随身携带一个记录设备）的背景和触发因素是准备出发去工作或者准备离开办公室。

背景和触发因素	行为
准备离开办公室	随身携带一个记录设备

第二种习惯（手动记录）的背景和触发因素有所不同：可能是有人要你做某事，或者是你想到了某件想做或者应该做的事。

背景和触发因素	行为
有人提出了要求	在笔记本上记下该要求
我想到了一件待办事项	记在笔记本的待办事项清单里

这使第二种习惯稍微复杂一些，因为背景和触发因素不太容易预测。"想到待办事项"这一触发因素有可能发生在会议上、走廊谈话中、电话中或其他任何地方。因为背景和触发因素的变数更大，所以形成习惯（在触发因素与行为之间建立自动化机制）就变得更加重要了。

值得一提的问题

可以提一些问题来识别习惯差距：

- 这是一件需要人们持续并自动去做的事吗？
- 如果把这一行为分解成若干个更小的行为，习惯差距会更容易识别吗？
- 习惯所涉及的背景和触发因素是什么？
- 习惯所涉及的背景和触发因素的变数大吗？难以预测吗？
- 是否存在需要纠正的不良习惯？

习惯形成的策略

那么，形成习惯的策略有哪些呢？实际上，这一问题还有待研究。医疗保健行业尤其关注习惯的形成，因为医治许多代价高昂的疾病需要病人形成良好的生活习惯。斯坦福大学和麻省理工学院的研究人员正试图解读习惯形成背后的行为机制和大脑功能。

软件行业同样很关注习惯形成的策略。软件设计师正在研究怎样使用户养成习惯，因为他们希望自己开发的新应用程序能成为用户日常生活中的一部分。他们还设计应用程序，帮助用户养成多方面的习惯，让用户吃得更好、把收件箱管理得更好、避免分心等。

尽管有关习惯形成的研究尚在发展中，但人们已经掌握了一些策略。

了解实施意图

学者和研究员彼得·戈尔维策（Peter Gollwitzer）花了大量时间研究意图的实施。他的解释如下：

实施意图指的是"如果—那么"式计划，它将预料的危急情况与有效实现目标的反应联系起来。每当发生某事，目标明确规定某人想要做某事或实现某事（例如，"我打算执行行为 X!"）。实施意图规定，在真正遇到危急情况时，某人将实施什么样的行为以服务于某目标（例如，"如果情况 Y 发生，我将启动以 X 目标为导向的行为 Z!"）。

因此，如果你正在尝试戒烟，那么你需要的不仅仅是目标（"我要戒烟"），还需要了解它的实施意图。

所以，你可以说：

> 如果我产生烟瘾，我会分散自己的注意力。

你有情况 Y（"如果我产生烟瘾"）和行为 Z（"我会分散自己的注意力"）。它比单纯的目标（"我要戒烟"）更有效。你还可以通过具体的说明让它更有效：

- 如果我压力大的时候想抽烟，我会打电话给我的姐姐。
- 如果我无聊的时候想抽烟，我会玩手机上的糖果游戏。
- 如果我午饭后想抽烟，我会到外面散步 5 分钟。

·如果我在社交场合想抽烟，我会嚼口香糖。

心理学家及研究人员罗伊·鲍迈斯特（Roy Baumeister）说，决定怎样应对一种令人担忧的情况，需要付出很多努力，发挥意志力也需要付出很多努力。如果你提前做出决定（"如果 Y 发生，我就会做 Z"），那么行动就很明确，你也将拥有更多的认知资源来采取该行动。

在学习体验中，可以让学习者识别自己预期的危急情况，并想出具体的行为策略来应对，比如，"如果我和难以相处的员工碰到问题 X，我就做 Y"。让人们自行设定实施意图并记住具体细则，对成功很关键。

把习惯化整为零

如果一个习惯看起来难以形成，那么就把它化整为零。奇普和丹在《瞬变》一书中、B. J. 弗格在"微小的习惯"（tiny habits）这个项目中，都讨论过识别最小的有益行为并专注于此的重要性。

如果习惯的形成太费力，那有没有办法让它变得容易呢？

例如，你想养成经常起身在办公桌前做伸展运动的习惯，那么你恐怕不应该在培养习惯时从一整套瑜伽动作入手。相反，你能不能站起身，伸展手臂？或者只是简单地站起来？如果这变成了习惯，那么你可以在此基础上增加更多的行为。毕竟，这比直接形成一套全新的习惯动作要容易得多。如果形成某个习惯的目标太过宏大，让你无从着手，那么可以把它化整为零，从一个个小的行为习惯入手。

练习和反馈

有时候最显而易见的解决办法也是最具有挑战性的。

我们在第八章讨论动机时提到过，最难形成习惯的是那些没有得到即时反馈的行为。

以弗朗西斯·韦德的时间管理为例，他意识到，时间管理常常让人感觉太抽象。尽管知道糟糕的时间管理会带来不良的影响，但这种影响往往不容易被察觉。因为有些行为通常不会产生直接或显而易见的后果。比如你忘记记录一个待办事项，很有可能在很长一段时间里你都察觉不到这件事带给你的影响。

后来，韦德创造了一套级别系统（采用与跆拳道腰带等级类似的颜色来划分不同的级别），让时间管理的影响显而易见。每一种习惯都带有自我诊断的色号，帮助人们识别出有关时间管理的各个习惯分别达到了何种层次：

行为	白带	黄带	橙带	绿带
随身携带记录设备	很少或从不	有时	经常	几乎总是
使用记录设备，不光依靠记忆	很少或从不	有时	经常	总是
巩固记忆，整理记录		有时	偶尔	长期
使用灵活的备份方法		有时	有时	始终

来源：摘自弗朗西斯·韦德《基于时间的完美生产力》。

这与许多"自我量化"小工具（健身跟踪装置、饮食日记和习惯提醒应用程序）的逻辑是一样的。我们怎样才能让行为的影响（结果或反馈）显而易见，并强化练习呢？

与旧习惯挂钩

在以形成习惯为目的进行学习设计时，有个值得一问的关键问题："有什么办法能让新行为的实施变得更容易呢？"

我曾在一个冬季很漫长的地方住过一段时间。一到冬天，那里就很难获得足够的光照。医生建议我服用维生素 D，但我总是忘记。

我最终成功的方法是，将服用维生素的行为与我早晨喝咖啡的习惯挂钩。

我在家工作。大多数早晨，我起床的第一件事就是煮一杯咖啡。

趁着水没开，我一般需要在厨房里逗留几分钟。如果我把装维生素 D 的药瓶放在咖啡罐旁边，就会记得服用维生素了。

这就是新行为与旧习惯挂钩的神奇之处。

应用到学习设计中

那么，怎样将上述策略应用到学习设计中呢？可参考以下方法：

- **让学习者提出实施意图**。给学习者一个机会，甚至一套模板，让他们创建自己的实施意图（"如果发生 X，我会执行以 Y 为目标的行为 Z"）。
- **引入目标，让学习者探讨解决办法**。向学习者展示目标，让他们思考实现途径，认识到形成习惯的重要意义。
- **为复杂习惯的形成准备充足的时间**。把某个习惯的形成化整为零，逐一强化。例如，一家医疗机构希望员工养成一些新的习惯，他们可以在每月初引入一个很小的习惯，并在当月的第一个星期为培养这一习惯开展趣味活动，在该月末做一定的强化和跟进。这样，员工就有足够的时间来形成习惯了。
- **减少障碍**。寻找办法减少习惯形成的障碍，更重要的是，让学习者思考怎样为自己减少障碍。
- **创建评估准则或跟踪机制**。想一想怎样做，才能让行为的影响（结果或反馈）变得显而易见。
- **与旧习惯挂钩**。帮学习者找出一种旧习惯，将新行为与旧习惯挂钩。
- **调整环境**。调整环境，为习惯的形成提供支持。
- **识别触发因素**。让学习者在所处的环境里观察并记录触发因素。在应对触发因素前，先识别触发因素。

强调最后一点

让学习者有掌控感非常重要。而对于形成习惯来说，这一点尤其重要。

最后需要强调的是，老师不能告诫学习者要培养习惯。我们都知道，哪怕是我们想要形成习惯，真正实践起来都很困难。被迫形成习惯，难度只会更大。

有些习惯并非可有可无。对医护人员来说，洗手的习惯就非养成不可，它不是可以选择的。但怎样有效地形成这个习惯，则是有不同的策略可供选择的。

小　结

· 习惯是"一种后天习得的，并最终变为几乎无意识的有规律的行为模式"。

· 已经具备了知识、技能和动机，学习的成效就可以归结到习惯上。

· 习惯的形成需要识别触发因素，并有计划地应对这些触发因素。

· 没人能被动地形成习惯。学习者在习惯养成的过程中要有掌控感。

· 习惯的形成需要练习和反馈。

· 调整环境、减少障碍，将习惯化整为零，将新行为与旧习惯挂钩，有助于形成习惯。

第十章

非正式学习

学习不是一成不变的，有时候，它事关你认识什么人。

在你的组织中，学习是什么样的

在准备撰写这一章时，我找几个对非正式学习（也称"社会学习"）十分了解的同事聊了聊。

马克·布里茨（Mark Britz）就是其中之一。他是组织绩效策略师，专门研究非正式学习。他说：

> 如果你拍一张组织的照片，观察学习是在哪里发生的，它肯定不会仅限于教室。

简·博扎思（Jane Bozarth）在《晒晒你的工作》（*Show Your Work*）一书中精彩地揭示了这一点。她介绍了一块老师创建的照片展示板，名为"学习看起来是什么样的"。几乎所有的照片里呈现的都是人们在做事，而不是传统的教室（Bozarth，2014）。

想象一下，你们拍摄了一张你所在的组织的照片。

你的第一反应很可能会是，"哇，我居然有这样一群魅力十足、衣冠楚楚、形形色色的同事！这些照片简直可以收录到商业图库里！"欣赏完那些上镜的同事之后，你兴许会看出学习是怎么发生的：

- 你的一位同事正在就客户提案向另一位同事征求意见。
- 另一位同事正在向新人展示怎样执行一项新任务。
- 有人把一篇有趣的文章贴在公告牌上，或发布在公司内网的论坛中。
- 有人正在浏览推特，看看自己所在的专业领域里，大家今天都在谈论些什么。
- 有人正在网页上搜索怎样将演示文稿保存为可以在移动设备上阅读的格式。

这些都是非正式学习的例子。

> 非正式学习：所有正式学习（如课堂学习或电子课程学习）以外的学习形式。

杰伊·克罗斯（Jay Cross）在《非正式学习》（*Informal Learning*）一书中将其定义为"人们以非正式的、无计划的、即兴的方式，学习怎样完成自己的工作"。

非正式学习有许多不同的定义。马西娅·康纳（Marcia Conner）和托尼·宾厄姆（Tony Bingham）在《新社会学习》（*The New Social Learning*）中将其定义为"与他人互动，以理解新的想法"。其他定义则强调它是通过观察他人来学习，或是运用社交媒体将人们连接到学习网络（通常称为"个人学习网络"）。

本章着眼于学习之旅中会出现的部分非正式学习的形式。

学习不是一成不变的

我在进行学习设计时，总会考虑以下问题：

- **学习**。初始学习的时间是怎么安排的？
- **练习**。学习者怎样练习？他们怎样获得亲身体验？
- **反馈**。学习者怎样获得反馈（评价或指导）？
- **支持**。学习者怎样在需要的时候访问可用资源？他们怎样获得支持，从而排除故障？
- **强化**。如果这是一种不常使用的技能或不常执行的程序性任务，怎样记住并强化它，让它变成一种习惯？
- **进一步发展**。如果这是一种复杂的技能，学习者怎样才能达到更高的水平？学习者能否继续发展技能，达到精通程度？

这段学习之旅不可避免地会涉及正式学习和非正式学习，它并非一条直线。

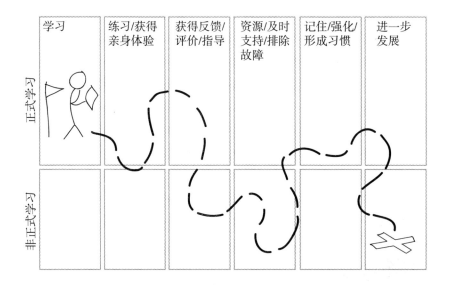

平衡正式学习和非正式学习

那么，最佳选项是什么呢？正式学习？非正式学习？显然，答案要视情况而定。正式学习和非正式学习各有用武之地。这里有几项因素，可能会影响你对它们的选择：

- **显性技能还是隐性技能。**显性技能的学习，大多是学习明确的规则集合，适合以正式学习的形式开展，比如学习图像处理技术。隐性技能的学习，涉及不同的背景和触发因素，更适合以非正式学习的形式开展。比如售后服务，除了案例研究或角色扮演姑且可选用正式学习。

- **主题的复杂程度。**如果用正式学习的形式学习复杂主题，那么也只能了解一般性的原则，而不能习得规范性的行为。例如，你可能会在职业研讨班里学到一些关于薪资协商的很好的原则，但当你把这些原则运用到具体情况中时，你大概需要利用非正式学习（如与导师或同事讨论）来决定应该具体怎么做。

- **知识和技能的变化快慢。**针对不稳定的、多变的主题开展正式学习，难度很高。因为技术领域的变化非常快，相关的学习材料很容易过时。非正式学习往往更灵活，是跟进最新信息的更好的方式。

有时候，正式学习过犹不及。你必须问："什么才是必须要学的东西？"例如，就怎样使用公司内部非常简单的语音邮件系统开展正式学习，对所有员工来说都是一种折磨。高效的协同即可实现这一目标，并能让每一位员工感到轻松愉快。

那么，让我们来看一个例子，了解一下正式学习和非正式学习怎样结合才最有效。

阿宏的学习之旅

让我们来认识一下阿宏。他是一家建筑设计事务所的新助理。他需要学习怎样做项目预算。

阿宏把做项目预算这个学习目标分解成了 5 个小目标：

· **目标 1**：将数据输入用来做成本预算的系统里。
· **目标 2**：调整各项预算，涵盖所有可能产生的项目成本。

- **目标3**：确认预算中是否涉及可能使公司亏钱的风险领域。
- **目标4**：在整个项目推进期间管理预算，解决可能发生的成本超支问题。
- **目标5**：持续培养预算和成本控制方面的项目管理技能。

针对上述每个学习目标，我们将考察哪些更适合正式学习，哪些更适合非正式学习，以及部分可以用来促进非正式学习的工具：

- 社会支持和辅助资源。
- 学徒项目。
- "大声工作"。
- 学习型社群。
- 内容管理。
- 个人学习网络。

目标1：学习和了解相关系统

阿宏首先需要学习和了解的，是将数据输入用来做成本预算的系统。

这时的知识差距主要表现为对该系统的了解。如果这个系统非常复杂，开设培训课程可能会对阿宏有所帮助。但用恰如其分的辅助资源（如正确操作该系统的视频）为他提供支持，也很好。除此之外，阿宏可能仍然需要非正式学习中的社会支持，比如知道碰到了问题可以去问谁，或者把问题发布到公司内部网站的什么地方。

正式学习	非正式学习
阿宏学习了一门电子课程，了解和掌握成本预算系统的基本功能	阿宏获得所需的社会支持和辅助资源，并且知道碰到问题后可以去问谁

非正式学习工具：辅助资源

　　我们会在第十一章再次谈到辅助资源。唾手可得的资源池往往比正式学习更有效。这些资源包括视频、百科词条、论坛帖子等。它们可以是正式的辅助资源（如内部资料），也可以是来自社群的有用的建议。它们不需要具有观赏性，但必须有用。如果你在搜索引擎上输入"怎样编织"，兴许会在优兔（YouTube）上看到一个人用手机拍摄的业余视频。如果它能帮助你入门，那就再好不过了。也就是说，只要它表述清晰、便于理解又有用，视频制作是否精良无关紧要。一般而言，维护这些资源的最好方法是及时更新和修订现有资源，生成新资源。例如，如果阿宏想到了很好的办法对预算数据做可视化呈现，那么他就可以把这一功能添加到公司的系统知识库中。

目标 2：调整各项预算

　　阿宏的第二个目标是调整各项预算，涵盖所有可能产生的项目成本。

　　这时的知识差距主要表现为信息、流程性知识和技能的欠缺。这是一个更为复杂的主题，要求阿宏理解估算家庭厨房改造成本和商业建筑建造成本之间的差别。设置不合理的成本预算可能会让公司损失一大笔钱，所以确保阿宏能正确完成此事符合公司利益。

　　在这里，正式学习和非正式学习会在不同阶段发挥优势。正式学习有一定的作用，但阿宏可能需要被监督一阵后才能独立操作。正式学习可以教会他在这一阶段的所有步骤，并为他提供一些理论知识，但大量的细节和技巧只能通过经验来学习。培训结束后，公司会让他参与一些小型的预算项目，并为他安排一位导师，这时就需要非正式学习来起作用了。

正式学习	非正式学习
阿宏学习了一门为时两天的成本预算课，逐一完成了案例	阿宏从一些小型的预算项目入手，他的导师是米拉。米拉充当着阿宏的非正式学习资源：在阿宏有问题或需要帮助时，米拉可以给予他建议

非正式学习工具：学徒项目

　　通常，复杂技能需要长时间的练习。全世界最优秀的培训课也只能让学习者了解或初步掌握技能。之后，他们需要的是练习、尝试、获得反馈、再次重复。学徒项目，是一种可以用于教授复杂技能的学习形式。与此相关的一些培训极为正规，比如"学生—老师"式的培训项目，或是建筑行业的学徒培训，这些都属于正式学习。还有一些培训则更侧重于非正式学习：学习者可能会被分配到没有具体任务的导师，他们也可以找比自己有经验的同事来解答问题、给出建议或审查工作。

目标 3：识别陷阱

接下来，阿宏的目标是确认预算中是否涉及可能导致公司亏钱的风险领域。公司之前曾在一些预算上遭受过惨重的损失，所以这是个敏感问题。但麻烦的是，这些经验实在很难通过正式学习传授。经验丰富的人知道怎样识别出潜在的问题，但他们大多是吃过亏才学到这一点的。在尝试解释怎样识别问题时，相关要素又难以量化或表述清楚。在正式学习中讲授这类学习主题时，老师往往会说"你一看到就知道了"，或者"呃，这得看情况"等。阿宏可以向米拉求助，她能识别出大部分问题，但就连她的经验也不能覆盖所有情况。

非正式学习工具："大声工作"

简·博扎思的《晒晒你的工作》是一部精彩的鼓励知识和经验分享的入门作品。一旦知识从一个具体可见的例子变成抽象的"最佳实践"，关键的细节和重要的背景就被"删掉"了。

她解释说："知道要做些什么和知道怎么做是不一样的。"

比方说，商业图书里充满了优秀的建议，但读到"产品品牌应使用社交媒体真诚地调动客户"的建议是一回事，看到一家航空公司在推特上发布了一只迷路宠物的归途记录或者一家连锁快餐店的老板在 Facebook 主页上展示菜品和客户评价就是另外一回事了。掀开幕布一窥后台，能理解为什么企业都选择介绍这些特定的例子就更好了。

简·博扎思还向我介绍了比尔·弗伦奇（Bill French）的一句话："电子邮件是知识消亡之地。"如果一个人和组织里的另一个人分享重要经验，那么只有听到的那个人会受益。可要是人们在组织内部发表博客，到论坛上发布帖子、回答问题，或是制作优兔视频介绍怎样执行一项程序性任务，那么相关的知识传递就可以造福于更广泛的受众了。因此，可以鼓励学习者们"大声工作"，充分利用公共资源促进非正式学习。

通常，每个人都必须通过经验学习隐性技能（它非常昂贵），但公

司的培训经理一直在设法帮助每个人从彼此的经验中学习。有一天，她看到一些人围着米拉的办公桌，而米拉正在给阿宏介绍一份存在问题的项目预算。就连一些资深员工也听得津津有味。为了方便分享，如今培训经理每个月都会安排午间简餐聚会。每个月，都会有一位资深人士拿出最近的项目预算，讨论哪些做法可行、哪些不可行，下一次会采取什么不同的做法。这种聚会有时候是当面的，有时候也会通过网络会议平台远程开展。促进非正式学习的最佳途径之一，是看看它已经在哪里发生，接着想办法怎样为之提供支持或扩大它的范围。

正式学习	非正式学习
阿宏每个月都会受邀参加午间简餐聚会	培训经理只是安排时间，但不设计任何的学习流程。有时候，人们分享最近的预算方案；有时候，他们会提出当前存在问题的项目预算，让小组成员集体思考解决办法

目标4：管理并排除故障

接下来，阿宏需要学习如何在整个项目期间管理预算，解决可能发生的成本超支问题。虽然他理论上知道怎样按星期进度管理预算，但在具体实践中总有许多不可预见的问题突然冒出来。

幸运的是，阿宏可以向米拉寻求帮助。此外，其他资深员工也受午间简餐聚会的鼓舞，要求培训经理建立一个内部在线论坛，以便所有人可以在聚会结束后继续沟通交流。如果阿宏碰到了问题，那么他可以将问题发布在讨论区，一般都能在当天工作结束时得到回复。这在他应对不熟悉的学习材料或技术时特别有用。他的同事对自己所处领域的新发展几乎了如指掌，如果阿宏需要处理新工作，他们大多能够给予支持。

正式学习	非正式学习
阿宏在最初的课堂培训中了解到一些管理预算的指导方针	碰到问题，阿宏向自己的导师或团队寻求帮助。随着在线小组的发展，阿宏发现，对于比较简单的问题，可以通过搜索之前的帖子找到答案

目标 5：进一步发展

随着阿宏逐渐上手工作，他需要不断发展自己在预算和成本控制方面的项目管理技能。

一开始，阿宏会对新信息感到不知所措。但总有一天，他的学习曲线会趋于平缓。那时候，阿宏会觉得组织里的成长养分已经不够用了。如果他想继续发展技能，需要到公司以外的地方寻求帮助。

他当然可以考虑参加会议、培训班、学位课程以及报考证书等正式学习途径。所有这些，可能都意味着要投入大量的金钱和时间。

他还可以去看看范围更广的在线社群：人们在哪里发布有趣的专业文章？谁在就他感兴趣的主题撰写博客？人们在哪里开展有趣的专业交流？

非正式学习工具：学习型社群

学习型社群（有时也叫实践社群），可以成为巨大的知识和信息库，而且比正式学习资源的更新迭代更及时、更迅速。

良好的学习型社群大多不是凭空出现的，它们的发展往往需要精心经营。关于学习型社群，一种常见的错误想法是，"只要把群建起来，人们就会来"。人们的讨论也常常聚焦于技术："我们应该开发一款实时通信软件，还是打造一个供内部交流的论坛？"

良好的社群重在参与，并且为参与者服务。Elearningheroes.com 社群由汤姆·库尔曼（Tom Kuhlmann）及其团队运营，目的是向 Articulate 电子学习写作软件的用户提供支持。该社群的优势在于，它并不局限于软件的使用（虽说你肯定可以得到有关软件使用的帮助）。相反，它的重点是为社群成员提供制作精良的电子学习课程，帮助他们更好地完成自己的工作。哪怕你从来不曾使用过这款软件，但关于电子学习的设计和开发，这一社群仍然是一个真正有用的信息来源。

有人对学习型社群持怀疑态度，因为他们担心人们给出错误或不准确的回答。但也有人认为，即使没有学习型社群，人们也会给出错误的回答，而且你很有可能还不知道它们是错的。

阿宏在推特上发现有几个人在谈论自己感兴趣的专业话题。他们分享的一些博客和文章链接对阿宏正在进行的一些项目很有帮助。他参加了推特上的一些聊天，发现自己可以借助会议标签关注自己无法出席的活动。他和推特上的几位同行建立了联系，所以等他第二年参加大会时，他可以跟好几个熟人在会场交流。他还把自己的学习之旅写在了博客上，赢得了一小群关注者。

正式学习	非正式学习
阿宏参加了一场专业会议	阿宏通过自己的社交网络与参会的人们互动，每天或每个星期上线

社群是有生命的实体

学习型社群不是按下开关就能开启的机器或技术，它必须有机生长。这种情况有可能会很自然地发生。但更常见的是，一个有规划的社群需要社群管理员通过组织、调节、安排活动、招募会员，来确保初期活跃度。

埃米·乔·金（Amy Jo Kim）写过一本精彩的、被强烈推荐的书《网络社群建设》（*Community Building for the Web*），谈到学习体验必须随着时间的推移而改变。

她认为，不同水平的受众对社群有不同的需求：

- 新手需要适应新环境。他们需要受到欢迎，认领一些可实现的目标，并通过介绍了解社群功能。
- 常规参与者需要新鲜的内容、活动和可以互动的人。
- 精通者需要有为他们专门设计的活动，并且可以接触到常规参与者接触不到的内容和技能。

非正式学习工具：内容管理

每当你在推特或其他社交网络上找到一个总是能链接到真正有趣的文章的账号，你便能从它们的内容管理技巧上获益。内容管理分为多种不同的形式，但考虑到我们几乎每天都在承受着信息轰炸，它逐渐成为一项愈发重要的技能。

内容管理可以是在嘈杂的数据海洋中过滤或识别真正有趣的信息的能力。它可以是收集特定的信息片段并为之配上标题，便于看出其中关联的能力。它也可以是把所有相关资源汇集到同一位置，以便访问的能力。它还可以是围绕一个主题组织不同的内容，或将信息分类以便提供丰富的学习背景的能力。

学习设计可能涉及为学习者进行内容管理，或是识别出学习者中可以进行内容管理的人员，并为之提供支持，好让其充当其他学习者的学习资源。

非正式学习工具：个人学习网络

推特出现前后，我的个人学习网络有巨大差异。推特出现前，我的个人学习网络主要是由同事或同学构成的。他们人人都很优秀，但数量不多。一些熟人和我有着相同的兴趣爱好。因为我们曾一起工作过或学习过相同的课程，所以我们有着重叠的知识体系。

推特出现后，我认识了更多的人，也更容易找到和我有着相同兴趣和关注点的人。我还有机会接触到专业知识跟我极其不同的人。实际上，扩大后的个人学习网络让我学到的一切，让我感觉自己甚至可以就非正式学习写一篇介绍性的文章了。

我经常为电子学习设计者们开展工作坊式的培训，并注意到一种很常见的状况。一些参与者常常形容自己孤单地经营着组织中唯一的电子学习"小卖铺"。在组织里，只有他们自己重视这摊"生意"，所以他们非常乐于参加工作坊，和其他的电子学习设计者多交谈，产生共鸣。一想到互联网上存在着活跃、热情的庞大学习型社群，他们却感到这么孤独，我就不免有些难过。

个人学习网络不一定仅限于推特，只不过推特恰好是最适合我的平台罢了。个人学习网络可以是任何一个适合你的社群。它甚至不一定是线上的，也可以是由当地的专业组织建立的线下社群。帮助学习者找到自己的学习型社群，并帮助他们融入进去，是另一个重要的非正式学习工具。

小 结

· 在你的组织中，大部分学习可能都发生在课堂外。

· 对于稳定的显性知识，适合开展正式学习。对于更新迭代非常快的隐性知识，适合开展非正式学习。

· 对于复杂、多变的主题，更适合开展灵活的非正式学习。

· 学习型社群不是自发形成的，成立的重点也不在于有技术支持。相反，它们大多需要精心经营。

· 在非正式学习的设计上，试着找出人们已经在做的事，想办法为他们提供支持。

· 帮助他人学习必定是件好事。如果帮助行为是"大声"进行的（比如把建议或指导信息写在留言板上），那么它可能会对更多人有用，旁观者也能从中受益。

· 内容管理和个人学习网络等非正式学习工具正变得愈发重要。

第十一章

改善环境

有时，改善环境就可以消除知识或技能差距。

环境差距

　　我最初的一份工作是在一家金融服务公司培训客服专员（这并不怎么令人兴奋，但的确是一次很棒的学习体验）。这家公司的呼叫中心对客服专员的工作要求相当苛刻。他们不仅要整天应对脾气暴躁的客户，还必须从几套不同的计算机系统中调取客户信息。

　　客服专员必须不断地在 4 家分公司的会计系统、信用系统和客户记录系统之间来回切换，而且这些系统大多并不兼容。他们的计算机屏幕如右图所示：

　　你可以想象，我用了好一阵才真正理顺了整个流程。我发现，尽管自己已经尽了最大的努力开展培训，但要让客服专员真正熟练操作所有系统、回答大多数客户的问题，仍然需要大约 6 个月的时间。而这又是一个初级职位，由于企业的快速发展，客服专员往往很快就会调到公司里其他薪酬更高的职位上。

这一过程大致如下：

让客服专员提高工作效率的时间≈6 个月

客服专员调出这一部门所花的时间≈6 个月

想必你可以理解其中的难处。

我毫无疑问可以做很多事情来改善培训体验，但症结并不在这里。由于各种奇怪的状况实在太多了，客服专员要学习和记住各种诡异的程序串，才能获取正确信息，解答客户的问题。

实际上，考虑到环境里的状况这么棘手，客服专员能够把工作做好，反倒叫人啧啧称奇。他们的工作绩效，很大程度上也取决于他们的决心和态度。

真正的差距并不来源于知识、技能或动机。真正的差距在于环境，而这正是我们需要弥补的。

环境中的知识

唐纳德·诺曼（Donald Norman）杰出的经典作品《设计心理学》（*The Design of Everyday Things*）有一章名为"头脑里的知识和现实世界中的知识"。他在其中谈到了如何减轻记忆负担，将知识和信息放到环境中。

他列举的例子是自己的炉灶。炉灶的设置类似于下图：

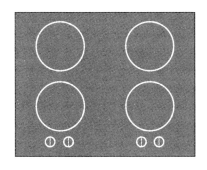

炉灶有 4 个火头和 4 个控制盘。你能分辨出哪个控制盘对应哪个火头吗？你充其量只能将范围缩小到二选一，接下来你必须记住哪个控制盘对应哪个火头，或是每次都靠猜，并祈祷自己别把什么东西给点燃了。

诺曼接着指出，用一些方法可以设计出完全没有记忆负担的炉灶。例如，你能判断下面这款炉灶上哪一个火头对应哪个控制盘吗？

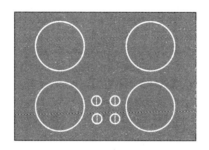

有时，改善环境，就可以消除知识或技能差距。把知识嵌入环境中，就可以极大地减少学习者需要理解和持有的信息量。

找到正确的学习方向

卸除学习者的全部记忆负担，是既不现实也不合适的。因为人和机器有着各自擅长的与不擅长的方面，而且两者基本没有重合：

相比机器，人不擅长做的事情	相比机器，人擅长做的事情
微积分	在树林里行走
计算贷款和分期偿还金额	理解其他人在说什么
保留和检索庞大信息串	辨识并回应情绪

相比人，机器不擅长做的事情	相比人，机器擅长做的事情
在树林里行走	微积分
理解其他人在说什么	计算贷款和分期偿还金额
辨识并回应情绪	保留和检索庞大信息串

改善环境是把信息存储等机器擅长做的事情交给机器去做，减轻学习者的记忆负担，让他们专注于人真正擅长做的事情。

接近性是关键

在把知识嵌入环境中时，有一件事需要考虑，那就是知识与任务的接近性。

我的意思是，学习者需要在任务中走多远才能获得知识？

右图是基于我的个人经验，而非实际数据绘制。结合常识来看，如果学习者必须找到说明书才能获取想要的信息（打开目录，扫视并寻找主题，翻到相应部分，参考索引，最后找到自己要找的

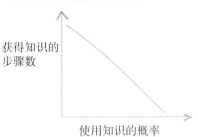

信息），那么他们很可能会跳过所有步骤，直接去问身旁的人。这是一种行之有效的做法，除非他们身旁的人同样不知道，或是不乐意被打扰。

越是把知识放在离任务近的地方，人们获取知识的概率就越大。根据知识与任务的接近性，我们来看几种把知识嵌入环境中的方法：

- 把学习资源放到环境里。
- 把触发因素或提示放到环境里。
- 把行为放到环境里。

把学习资源放到环境里

把学习资源放到环境里的方法有很多。详细探讨这个话题，超出了本书的范畴，但我们只需看几个例子就好。

辅助工具

这里所说的辅助工具大多是一些辅助记忆的提示、指令等工具。它们唾手可得，能帮助人们完成任务。艾莉森·罗塞特介绍辅助工具的作品是很棒的学习资源。

我最喜欢的辅助工具之一如下图所示：

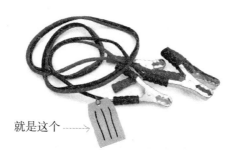

就是这个 ⟶

跨接电缆上这个看起来不起眼的标签为我提供了便捷的提示，告诉我在为汽车搭线点火的时候怎样避免触电。过去，我大概已经搭线点火过几十次，但每次间隔的时间大多是几个月甚至几年。所以，在实际操作时能看到这个小小的标签让我很安心。

这个例子很好地说明了接近的重要性。如果我的跨接电缆上没有附带这个标签，我大概会直接搭线，而不是到别处去获取相关信息。

我的同事戴夫·弗格森（Dave Ferguson）用自行车辅助轮的例子来说明辅助工具的优越性。他形容辅助工具"引导新手，帮助他们达到和专家一样的水平，但又无须内化专家拥有的所有知识"（Ferguson，2009）。

戴夫继续解释说，辅助工具就像飞机起飞前的对照检查清单，能"保护你免受不正确做法或不安全做法"的伤害。

从功能性和安全性这两个方面来看，跨接电缆上附带的标签都发挥了很好的作用。没有标签，我兴许也能正确操作。但有了标签会更好，我会根据说明对照检查自己的做法，以免触电。

再如，对于地图图例或机场公告牌上的简单图标，如果你清楚其含义，可能会觉得一目了然。但一些少见的图标，可能就需要辅助工具对其加以解释。

以下是其他类型的辅助工具：

- **决策树。** 如果一个过程有着非常具体的和预先确定好的决策点，那么向人们提供一套符合逻辑、分步说明的辅助工具来对这些决策进行导航，能极大地提高学习者的效率。

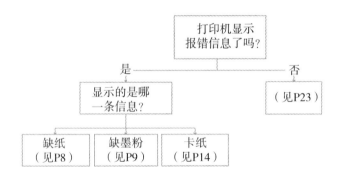

与决策树类似的还有流程图，甚至是组织结构图。

- **参考信息。** 人们不擅长记住一长串的数字或详细的列表。所以，如果学习者能够快速、方便地获取此类信息，就可以大大提高工作效率。

- **增强现实。** 这是一种正逐渐受到关注的有趣的辅助工具。它指的是，在现实世界中创造一个虚拟世界，并通过虚拟现实头盔或移动设备上的摄像头观看虚拟信息。

补给缓存

学习者初次学习某样东西时，可能会被诸多细节折磨得不知所措。所以，老师不妨想办法先缓存一些信息，之后再补给给学习者。

例如，我最近正在尝试学习 Adobe Illustrator 这款软件，好对本书中的图片进行编辑。我仍然是一个新手（我只知道怎么把图形拆分开来），但我喜欢看专家使用这款软件。

我的一个平面设计师朋友对这款软件非常熟悉，使用的时候手指就像在键盘上跳舞。他记住了几十种快捷键，并学会了用快捷键来提高操作效率。

在尝试掌握 Adobe Illustrator 软件时学习快捷键，可能会让我感觉负担太大。但随着学习的深入，我兴许想要获取这一信息。

在培训领域，有一种常见的辅助工具，就是印有快捷键组合的卡片。我可以把它放在自己的办公桌上。

此外，许多软件开发商也做了一件好事。他们把这些信息放到了触手可及的地方：

这样一来，我使用"编辑"菜单选择"粘贴"命令时，就会看到提示信息。这让我知道该命令有专门的快捷键，可供将来使用。

还有一个我很喜欢的例子是关于我过去使用的税务软件的界面。在纳税申报项目的任何一页，侧边栏都有一些常见问题（比如"最低替代税是多少？"）可供查阅。但这一界面的真正优点在于，它通常只显示和当前搜索与浏览的信息相关度最高的五六个问题。它还有一个优点是在模糊的税务问题旁边放上"反常项目"这一提示信息，这样我就知道这些项目可能与我无关。值得一提的是，它还逐渐采用众包的方法，捕捉和展示其他用户的问题与答案。通过维基或论坛来为学习者补给知识，是一种非常有效的做法。

把触发因素或提示放到环境里

我们在第九章讨论了戈尔维策的实施意图。它指的是："如果 X 发生，我就做 Y。"比如你想戒烟，你发现如果自己感到无聊，就会想抽烟，那么你就用如下所示的办法来克服：

"如果我因为无聊想抽烟，我就在手机上玩小游戏《糖果传奇》。"

把这种做法与环境挂钩，你需要想办法在现实世界中放置触发因素或提示。那么具体怎么做呢？

其实在有些事情上，人们已经不自觉地把触发因素或提示嵌入环境中了：

"洗手标识"既是个好例子，也是个坏例子。一些研究（如 Johnson，2003）表明，洗手标识确实会增加人们洗手的人数，但它显然并不适用于所有人。人们可能很快就会习惯这些标识的存在。然而，借助新颖性可以抑制人们趋于无视的惯性。比如，这个星期是 T 先生提示你洗手，下个星期是校园摇滚歌手提示你洗手。

尽管环境中的提示可以增加行为，但让学习者自己创建提示，兴许能更有效地鼓励他们的某种行为。

还有一个在环境中放置提示的典型例子来自一些椒盐卷饼店。它们的柜台上放置着如下所示的椒盐卷饼形标识：

　　根据这个标识的指示，你只需把面团擀成其中一条线的长度，接着把它们卷成相应的卷饼形状即可。卷饼可大可小，长的那条线对应大卷饼，短的那条线对应小卷饼。

　　在这个例子中，提示不仅能触发行为，还提供了怎样执行任务的指导。有经验的椒盐卷饼制作员可能会忽视这些提示。但这些提示精彩地示范了怎样在环境中嵌入触发因素或提示帮助初学者。

把行为放到环境里

　　你是否见过这样的情形：餐馆的服务员打开汽水机接饮料，接着转过身按铃招呼顾客，而且他/她非常准确地知道多久之后自己该转身，以防杯子里的汽水溢出来。这是专家的特质：他们真正了解自己的工作，并随着时间的推移将知识内化成无意识的行为。

　　如今更常见的情形是，这类知识的触发因素或提示正逐渐嵌入环境中。带有如下标识的汽水机很常见了：员工只需放好杯子，按下小杯、中杯或大杯的按钮即可。

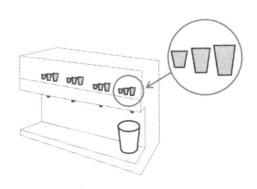

有了这样的提示标识，哪怕是新员工也能以熟练老手般的水平完成这项任务，而不必经历缓慢的学习过程。

在本章开头介绍的呼叫中心一例中，客服专员必须完成的一项任务是对申请者进行贷款项目评估。这涉及从客户处获取有关其房屋、房屋总价值、贷款金额和首付金额的信息。接着，客服专员还必须计算首付款比例，并根据其他信息判断到底哪一种贷款方案是适合客户的。接着，他们还要切换到另一个系统，为客户计算月供金额。这的确不是特别困难的任务，但却实实在在地包含了 9 到 10 个步骤，任何一步出错都可能导致贷款程序和支付金额出错。学习者要花很长的时间才能掌握这个操作程序。

为解决这一问题，我们最终为系统增加了一层交互接口，客服专员只需向客户提出 3 个问题，输入两个数值，机器便可自动制定贷款方案并算出月供金额。问题和字段显示在屏幕上，客服专员可以把它们读给客户听，这样就不必记住提问的流程和步骤了。随着这套系统安装到位，客服专员操作的准确率显著提高，而且他们以前需要学习的大量知识都直接嵌入了系统。

这套系统成功实现的事情之一，就是把记住问题变成识别问题，减轻了客服专员的认知负担。

第四章中我们说过，记忆比识别能更好地检验知识的掌握情况。对学习或评估而言，情况的确如此。但在设计环境时，情况恰好相反，而且原因一样——因为识别更容易。

扫清道路

环境对我们的行为有着巨大的影响。以肥胖率上升为例。我们都知道肥胖率在稳步上升，而这一问题给很大一部分人带来了健康风险。如果说，人们的肥胖率明显高于 30 年前或 50 年前，那么这一时期发生了什么变化呢？我们往往把肥胖视为个人问题，也就是由个人的选择和行为所致，但这并不能解释宏观数据。从进化的角度看，现在的人和 50 年前的人并没有太大的不同。我们有相同的大脑和相同的本性，只有我们的生活环境发生了剧烈的变化。50 年前，一杯汽水仅有 220 毫升，餐盘的直径不到 30 厘米，四口之家仅有一辆车，也没人担心自己体重超标。

电子化，还是非电子化？

本章中给出的很多例子都和电子化相关，而且电子化的辅助工具和参考资料有着很多优势，比如更新快、可搜索。

技术做着了不起的事情，让人们可以在任何地方获取信息。但有时，简单的解决方案反而最好。我个人最喜欢的一个简单的解决方案是波士顿的自由之路（Freedom Trail）。

如果你想让所有游客安全高效地游览波士顿的所有历史遗迹，那么你可以设计旅游线路，提供地图，或者创建一款带有导航功能的导游应用程序。又或者，你可以直接在波士顿的大街上铺设一条红色线路。

波士顿确实就有这样一条红色线路，游客可以沿着这条线路穿过整个历史街区，访问沿途最重要的旅游景点。这条线路长达好几公里，人们只需从一端开始，顺着红色线路走就行了。任何人都不会对提示产生误解，也不需要手机的操作系统兼容应用程序，更不需要担心手机没信号。这就是一个把知识放到环境里的绝佳例子。

这里的要点在于，环境是强有力的行为调节因素。如果人们未能做正确的事情，那么就有必要寻找方法，改善环境。

要始终记得提出以下问题：

- 我们还能简化流程吗?
- 我们还能让系统变得更好一些吗?
- 是什么阻碍了人们成功呢?

接下来就需要一步一步地寻找问题。要特别留意那些容易导致挫败感的地方,因为学习之旅越是顺畅,学习者就越有可能成功。

寻找关键问题

如何寻找到关键问题,从而改善环境呢?

首先,每一步都记得问"我们为什么要这么做"。如果听到"流程就是这样的"或者"我们一直都是这么做的"一类话,那么这就是一声巨大的刺耳警告,告诉我们应该仔细检查这一步,确保真的有必要这么做,而不是因为人们习惯了这么做或者以前是这么做的。

其次,推荐开展集中讨论。学习者们可以各抒己见,在白板上写写画画,把主意写在各种颜色的便签纸上。接着,学习设计者要斟酌所有建议,不要把任何建议当成糟糕的设想。只要这些做法真的对学习过程有帮助,那就不妨权衡它们的成本和收益。

最后,为得到更多的细节,还可以问"我们能提前做些什么,让学习者准备得更充分?"以及"我们之后还可以做些什么,对学习者学到的东西加以强化?"

小　结

· 与其把所有的知识和信息装到学习者的脑袋里，不如想想能否
把其中的一些放到环境中。

· 相比机器，人类不擅长的活动的相关知识和信息最适合嵌入
环境。

· 接近性很重要。要尽量让知识和信息接近任务。

· 在设计环境时，要记住一点：识别知识比回忆知识更容易。

· 不要只教学习者掌握操作流程，看看有没有办法简化流程，让
它变得更易于执行。

第十二章

评估学习效果

优良中差不是唯一的选项。

评估学习效果时存在的挑战

说到评估学习效果，我们大多会想到这样的画面：

与主观题相比，我们往往更喜欢选择题。

选择题的优势主要表现在以下几个方面：

- 便于命题和评分。
- 分数更客观。
- 对学习者来说，难度体验基本一致。

那么选择题有缺点吗？哦，当然有。它几乎不能评估出学习者的优势。

选择题实际上并不是为了检验学习者能否很好地完成某事，而是为了让评估高效且一致。

但问题在于，即便有人答对了 100 道关于直升机飞行历史的选择题，评估者也不敢把直升机的钥匙交给他。

想要检验的是什么

要想更好地评估学习效果，就应该先弄清楚想要检验的到底是什么，比如：

- 学习设计适合学习者吗？
- 学习材料适合学习者吗？
- 学习者真的掌握相关知识了吗？学完后，学习者能正确地处理事情吗？
- 回到现实的环境中，学习者真的在做正确的事情吗？

让我们逐一看看这些问题，并思考可以采用哪些评估方式得出答案。

安排试点

在评估学习效果时，老师想知道的第一个问题往往是："学习设计适合学习者吗？"

这引发了各种问题：

- 学习内容足够吗？还是说学习内容太多了？

- 指示清晰吗？学习者知道怎么做吗？
- 学习的时长合适吗？还是说时间太长了？
- 学习者投入吗？还是说他们感到厌倦，不想再听下去了？
- 学习者跟上进度了吗？还是说他们跟不上节奏，感到沮丧？

回答这些问题的最好方法是观察学习者，包括观察学习者在课堂上的反应，或者是他们怎样使用电子学习课程，又或者是他们怎样处理其他类型的学习材料。我们在第二章中简要讨论过这一点。观察学习者，是了解什么可行、什么不可行的唯一方法。

通过观察和经验的积累，能创造更好的学习体验。但即便是最优的学习设计，在初次执行时也难免会遭遇一些波折：

这类事情总会发生。所以，如果有一支友善、宽容的试点小组，效果可能会更好。因为在第一次授课结束后，老师一般都会根据学习者的反馈来改善学习设计。因此，在正式授课之前安排试点是值得尝试的方法。

学前测试

在进行学习设计时，老师的视野很容易受到局限。因为他们已经花了几个星期甚至几个月的时间，解析和编码所有杂乱的内容片段，并构思出编排和组织它们的方式，最后老师会感到所有的内容都设计得合情合理：

但学习者却是从头开始学习的。在老师看来一目了然的东西，在他们看来兴许是一团乱麻。但此时老师已经丧失了看到这一团乱麻的能力，因为他们已近距离地接触学习材料太长时间了（也就是当局者迷）。他们需要从学习者那里获得新鲜的外部视角，从而知道什么可行、什么不可行。

好消息是，随着线上教学的发展，学前测试已经是一件非常容易的事情了。具体步骤如下：

1. **招募一些学习者，不需要太多。** 业内的经验是，找 5 到 6 名学习者就足够了。我有时只招两三个人做测试，仍能从中获取价值。

2. **和每名学习者单独开线上会议。** 老师需要与每位学习者单独互动，这样就可以仔细观察他们怎样使用学习材料。

3. **解释整个流程。** 等学习者登录线上会议后，老师要先向其解释自己是在进行学前测试，他们怎么做都可以。请他们在学习电子课程或使用学习材料时大声说话。

4. **请学习者共享屏幕。** 让学习者打开线上会议的屏幕共享功能，让他们通读学习材料或执行特定任务。

5. **观察学习者怎么做。** 在获得许可的前提下，录下学习进程，观察学习者。看看他们会在什么地方受挫，漏掉了哪些细节。不要帮助他们，除非他们真的无法自行解决问题。

就这么简单。再找 3 到 5 名学习者重复上述过程，老师就会了解到大量信息。尽可能频繁地重复测试学习设计并进行调整。

关于如何检测学习材料，有两部优秀作品值得借鉴：史蒂夫·克鲁格（Steve Krug）的《点石成金》（*Don't Make Me Think*）和《深度测试》（*Rocket Surgery Made Easy*）。另外还有一个很棒且免费的资源是 Usability. gov 这个网站。

学后调查

"检测学习材料这一整套东西听起来很复杂。就不能在学习者上完课后做个调查，看看是否管用吗？"

下面我想介绍柯氏四级培训评估模式。第一级评估是"反应——学习者对培训的积极反应程度"（Kirkpatrick，2015）。

很多时候，人们会使用下面的量表进行检验：

反应调查	强烈同意				强烈不同意
学习材料对我有用	5	4	3	2	1
学习材料生动有趣	5	4	3	2	1
老师讲解完了全部的 PPT 幻灯片，并且没有力竭晕倒	5	4	3	2	1

毫无疑问，等课程结束后，老师可以询问学习者的课程体验。为何不问呢？对成人学习者来说，这可能是最常见的一种评估学习效果的形式，因为它执行起来最简单、最快捷。

询问学习者的体验，需要考虑以下几点：

- **这些信息一般要在整套课程结束后收集。** 这就意味着，老师很难回过头去修改那些效果不好的学习设计和学习材料。如果能在学习者正式学习前就得到反馈，那么老师将有更大的可能及时纠正错误。
- **尽量保持简短。** 尽力让调查的问题不超过 4 个，并且至少有一个是开放式问题，学习者们可以在此写下意见和反馈。
- **认识到这类调查的局限性。** 如果学习者的体验不好，那么老师要采取行动。但这类调查无法说明学习是否真的有效。在调查中得到肯定回答，或许是因为学习者们并未真正理解，或许是因为他们想表现得友好，又或许是因为提问的方式恰到好处。有一些方法可以最大限度地反映调查的效力（Thalheimer，2015），但要真正了解学习是否有效，还要观察其他测量指标。

识别与回忆

我在第四章中讲到了识别知识与回忆知识的问题。这里，我想再次说明一下。

看看下面这个问题，你认为正确答案是什么？

你碰到一位生气的客户，她要求你撤销其账户上的一笔费用，但你没有权力这么做。

你会怎么说？

A. "很抱歉，女士，这是我们的规定。"

B. "只有经理才有权限这么做。"

C. "女士，我很理解你对错误的收费感到恼火。"

D. "没问题，我们马上就处理！"

就算你对客服知识了解不多，你也看得出答案 A 和 B 会让客户更加火冒三丈，而答案 D 压根就是错的。

所以，要是学习者正确地回答了这个问题，这只能说明学习者可以将基本逻辑应用到一种情景下，但无法说明他们到底掌握了多少客服知识。

识别并非无用功。它通常是理解一个主题的必要的第一步，但它的作用一般也就仅限于此了。相比之下，回忆类的题目能更好地检测学习效果。

你碰到一位生气的客户，她要求你撤销其账户上的一笔费用，但你没有权力这么做。

你会怎么说？（请在空白处写下答案。）

回忆类题目的问题在于，它需要人为查看答案、判断对错，这比根据 A、B、C、D 等选项打分更费力。

如果学习者需要在实际环境中给出解决方案，那么应该尽可能地采用基于回忆的评估方式。但有时却没法这么做。

有时候条件不允许，只能使用识别类的评估方式。那么怎样才能最有效地使用它呢？

这里有一些方法可以提高选择题的评估效果：

- **根据场景设计题目。** 如果题目来自学习者们在工作中有可能遇到的真实困境，有着更丰富的背景信息，那么要选出正确答案就变得更困难了。学习者必须根据背景线索，把概念迁移到工作环境下。

- **设计大量可选项。** 如果问修理工更换洗碗机电磁阀需要用到什么特定的工具，他们会认为从工具箱的所有标准工具里选择，会比从几个选项中做出选择难度更大。

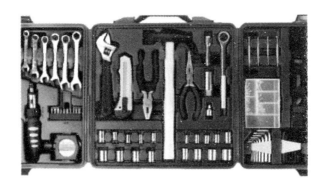

- **不设计错误答案。**选择题的形式通常是一个正确答案搭配两个
  或三个错误答案。但如果选项里包含的是一个不错的答案、一
  个马马虎虎的答案、一个中等答案，以及一个很棒的答案，那
  么找出最佳答案就变得棘手多了。在此基础上，还可以分配答
  案的权重。比如，选择一个不错的答案可以得 10 分，但选择一
  个马马虎虎的答案只能得 3 分。

用选择题来评估学习效果作用有限，而且只适用于存在知识差距
的情况。

执行与反馈

如果要评估学习者能否正确地处理某事，就得做以下两件事：

- 让学习者执行任务。
- 给予有效的反馈。

老师实际要做的兴许比这稍微复杂一些，但以上两件事应该是
核心。

安排任务无须多说，下面具体介绍如何给予学习者有效的反馈。

由谁来提供反馈

如果说选择题这种评估形式大受欢迎是因为它的反馈简单且一致，那么基于回忆类题型的评估，其难点就在于反馈有可能很难，并且可能前后不一致。事情越是复杂，只有唯一一个"正确"答案的可能性就越小，因此也就意味着评估无法依靠计算机来处理，而是需要找一个经验丰富并且能够给出有效反馈的人来做这件事。

评估人员不仅需要在相关领域有足够的专业知识，还要在评估和提供反馈这两个方面有足够的专业知识。我兴许知道怎样打网球，但这并不意味着我知道怎样评估别人的网球水平，或者怎样清晰而有效地传达反馈。

要是找专业的评估人员费用太高，下面有一些可行的替代法：

- **同伴反馈**。如果没有足够的专家资源，可以安排学习者们互相提供反馈。这显然取决于他们所执行的任务。一些在线语言平台就采用这种方式，帮助学习者获得关于发音的反馈。如果我是一个想学习立陶宛语的英语用户，那么我可以帮助中国用户纠正英语发音。反过来，我也可以从这一平台的立陶宛用户那里获得帮助。

- **水平略有差异的同伴反馈**。虽说我的网球技术肯定不够资格给出专家级反馈，但我的技术在中等水平，大概能为网球初学者提供一些合理的反馈，尤其是我还能从专家级教练那里得到具体指导的话（如"别让球拍高于肘部"）。

· **自我评估。** 老师可以教给学习者一些评估标准，让他们有机会进行自我评估。

碰到无法提供人工反馈的情况时，我会在电子学习课程中采用以下格式：

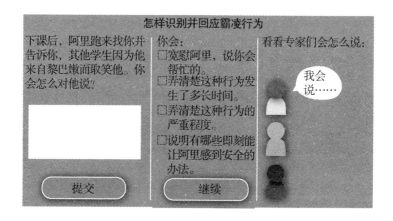

怎样保证反馈的一致性

前面说过，对于回忆类题型的评估，反馈的主观成分太多，很难保证一致性。

那么，如果让评估人员给出主观的反馈，该怎样确保一致性呢？就算所有的反馈都来自同一个人，也很难确保前后的一致性。一项研究发现，法官越接近午饭时间做出的判决，会越严厉（Danziger，2011）。还有研究发现，评分员在给第 41 篇论文评分时，没法准确记住给第一篇论文评分时遵循的标准。

为确保反馈具有一致性，可以采用的工具包括对照表和评估规则。

对照表可以是一套任务流程（有明确步骤），也可以是学习者需要达到的一套标准。比方说，如果评估的是客房部员工是否学会了清洁酒店房间，那么事先拟定好一份对照表，列出所有步骤和评分标准（如"擦干净镜子，不留水迹"），便能给出更具有一致性的反馈。

评估规则通常附有具体的评分标准，以便提高评分的一致性。第九章的时间管理自我评估就是一个例子。我们在"第九章　形成习惯"中已经看到，评估规则多用于让隐性技能的水平高低变得更明确。

让我们来看一个例子。想一想这种情况该怎样评估：

场景：陈述技能

想象一下，你正在培训小型非营利组织的员工怎样撰写并发表筹款陈述。你告诉他们良好的筹款诉求中需要包含哪些具体元素，教他们怎样制作精美又吸引人的演示文稿（字体、颜色、图片、布局），以及怎样拥有良好的演讲技巧。你会怎样评估他们的学习效果？

——先想一想你的答案会是什么，再继续往下读——

设计方案

显然，学习者必须撰写一份陈述稿并进行陈述。老师应该使用一份要素对照表来提供反馈，或者拟定一套评估规则。除了老师的反馈，学习者间相互反馈也可以是评估学习效果的不错选择。老师还可以录下学习者的陈述视频，鼓励他们运用所学的标准进行自我评估。

使用目标

如果已经采用了第二章中的标准来制定学习目标，那么评估的对象应该直接指向这些学习目标。

让我们分别看看以下目标：

- 学习者应该能够识别出为客户选择正确产品所需的各项标准。
- 学习者应该能够在 5 种最常用的浏览器上创建网站。
- 学习者应该能够识别投诉是否符合性骚扰的定义，并说明原因。

从以上学习目标中可以看出，评估的标准其实在学习目标中都有详细说明，尽管评估这些学习目标的方法仍待进一步确定。

资深的学习设计者很爱使用的一个技巧是，在进行学习设计前先确定评估方式。这样，他们就有了以终为始的清晰路线图。

能否事先检验学习者

我经常听到有人问这样一个问题："难道我们就不能事先检验学习者？这样他们就不用学习已经知道的内容了。"

这个问题的答案是一声响亮的"当然可以，但是……"

"当然可以"是因为，关注学习者的个别需求和经验非常好。"但是"是因为做到这一点非常难。我听到最多的建议是在课程开始前用多项选择题对学习者进行测试，但恐怕只有当学习目标是掌握一些知识而非技能时，这么做才行得通。

> 所以我的答案是肯定的。只要你确信自己的检验机制足够成熟，能够真正评估出学习者的能力，那么你就可以检验他们。

观察与访谈

等学习者回到实际环境中，他们真的在做正确的事情吗？

根据我的经验，这往往是成人学习中最缺乏评估的要素。

假设老师正在为某个软水机公司的员工创建关于销售软水机的培训。他兴许知道五月份卖出了多少台软水机。如果他在六月初推出培训后，销售额翻倍了，那么他大概能很有信心地认为培训确实带来了成效。

如果他想确定这是不是由其他变量（比如有媒体对硬水带来的悲剧做了深度报道，或是一款超级酷炫的软水机新近上市）所致，那么他可以进行 A/B 测试。他把销售团队分为两组（A 组和 B 组），只让 A 组接受培训。如果 A 组的表现优于 B 组，那么他有充分的理由认为培训有效。如果培训有效，他可以在测试之后让 B 组也接受培训。

但如果该公司并不刻意收集这些指标呢？例如，老师创建了一门课程帮助管理者更好地获取员工反馈，却并没有相应的管理绩效指标可供参考，那怎么办呢？又或者说，如果学习者回到实际环境中后，老师就没有太多机会与他们接触了，又该怎么办呢？

建议采用以下两种策略：

- 观察。
- 访谈。

观察

如果没有组织层面的指标可供参考，那么直接观察可能是最有效的方法。比如做完一场强调在车间佩戴安全眼镜的培训后，应该到车间去分别数一数培训前后佩戴安全眼镜的人数。

但如何通过观察，知道管理者是否更好地获取了员工反馈呢？

一种做法是使用前面介绍过的对照清单或评估标准，经过修改交由学习者的上级或学习者自己使用。上级往往希望帮助自己的员工发展，但他们很忙。有了清晰可见的表格，他们就能相对容易地进行观察、提供反馈。

如果观察整个群体的做法不具备可行性，那么也可以选择分组观察。如果是在对忽视使用某项医疗技术的 12 000 名护士进行培训，那么肯定不可能观察所有人，但可以观察两三支 20 人规模的护士小组，并运用这些数据来指导培训。

除了上述方法，还可以寻找其他能间接说明学习或培训有效的信号。

例如，如果管理者能够更好地给予反馈，员工的留用率会提高吗？如果针对新员工的服务技术培训成功了，咨询台接到的电话会变少吗？如果洗手培训成功，感染率会下降吗？

访谈

如果在有些情况下，观察并不能很好地评估，那么可以尝试运用访谈的方法。简而言之就是，老师能否在学习活动结束后的 4 到 6 个星期给 6 名学习者打电话，询问他们哪些内容可行、哪些不可行？如果让他们告诉自己一些关于知识运用的实际案例，老师就能了解到比一份调查问卷或一张测试卷更能说明问题的东西。

如果需要更正式的方法，罗伯特·布林克霍夫（Robert Brinker-hoff）的"成功案例法"是个不错的选择。从本质上说，它的步骤如下：

· 判断学习应该产生什么样的影响。

- 培训结束后的短期内，发送一份极简短的调查问卷，确定谁在运用所学、谁没有运用。
- 对一些最成功和最不成功的学习者进行访谈。

如果有学习者的邮箱地址，那么可以在任何情况下使用这个方法跟进。就算只跟 6 名学习者交谈过，获取的信息也无比宝贵。布林克霍夫的《成功案例法》（*The Success Case Method*）中对这种方法做了更为详细的介绍。

关键是要弄清楚怎样将反馈纳入设计中。有些事情可能无效，但如果缺乏反馈，就永远无法判断哪些做法有效、哪些无效。

小 结

- 提前对少数学习者进行学前测试，能及时对学习设计查漏补缺。
- 尽可能使用回忆类题型来评估学习效果。
- 问卷调查中的问题应保持简短，至少有一道主观题，让学习者写下自己的建议和反馈，说明什么做法有用、什么没用。
- 如果使用识别类题型进行评估，就要尽量设计基于应用场景的问题，增加选项的复杂度。
- 让学习者执行任务，并给予他们反馈。
- 同伴评估或自我评估同样能提供有用的反馈。
- 使用对照清单或评估规则，能让反馈更有用、更一致。
- 通过观察与访谈也能知道哪些学习设计有效，哪些无效。
- 寻找一些能间接表明学习有效性的信号，也是评估学习效果的方法之一。

　　小孩子是天生的学习者。孩童时，我们会单纯地通过好奇心和玩耍从环境中获取知识与技能。

　　不幸的是，我们在成长的过程中，逐渐丧失了这种能力。我们发现，学习是件严肃的事情，辛苦且费力。但幸运的是，我们尚且可以进行奇妙、有趣、符合主题的学习设计，创造一流学习体验，让学习之旅更快乐、更有效。

　　如果你是学习者，你大概已经知道应该怎样有效学习，并迫不及待地去体验精彩的学习之旅了。我对此感到欣慰。

强大的
学习者

出发

　　如果你是老师，那么我想引用凯西·塞拉（Kathy Sierra）的一句
话与你共勉。她是位了不起的学习设计者，对我影响极大。她说：

　　"不管任务是什么，变得更强、了解得更多、有能力做更难的
事、帮助别人做更多的事，都特别好玩。"

第一章

Ellickson, Phyllis, Daniel McCaffrey, Bonnie Ghosh-Dastidar, and Doug Long-shore. 2003. "New Inroads in Preventing Adolescent Drug Use: Results from a Large-Scale Trial of Project ALERT in Middle Schools. " *American Journal of Public Health*. 93 (11): 1830－6.

Song, Hyunjin and Norbert Schwarz. 2009. "If It's Difficult to Pronounce, It Must Be Risky. " *Psychological Science* 20 (2): DOI: 10. 1111/j. 1467－9280. 2009. 02267.

第二章

Bransford, J. D. and M. K. Johnson. 1972. "Contextual Prerequisites for Understanding: Some Investigations of Comprehension and Recall. " *Journal of Verbal Learning and Verbal Behavior* 11: 717－726.

Chi, M. T. H. , P. Feltovich, and R. Glaser. 1981. "Categorization and Representation of Physics Problems by Experts and Novices. " *Cognitive Science* 5: 121－152.

Coffield, F. , D. Moseley, E. Hall, and K. Ecclestone. 2004. *Learning Styles and Pedagogy in Post－16 Learning*: A Systematic and Critical Review. London: Learning and Skills Research Centre.

Deci, E. L. , and R. M. Ryan. 1985. *Intrinsic Motivation and Self-Determination in Human Behavior*. New York: Plenum.

Fleming, N. D. and C. Mills. 1992. "Not Another Inventory, Rather a Catalyst for Reflection. " *To Improve the Academy* 11: 137.

Gardner, Howard. 1999. *Intelligence Reframed*: *Multiple Intelligences for the 21 st*

Century. New York: Basic Books.

Kolb. , David A. and R. Fry. 1975. "Toward an Applied Theory of Experiential Learning. " *Theories of Group Process*, C. Copper (ed.). London: John Wiley.

Meyer, Dan. YouTube video on real-world math, www. youtube. com/watch? v = jRM-VjHjYB6w.

Paschler, H. , M. McDaniel, D. Rohrer, and R. Bjork. 2010. "Learning Styles: Concepts and Evidence. " *Psychological Science in the Public Interest* 9: 105—119.

Raymer, R. 2011. "Gamification: Using Game Mechanics to EnhanceElearning. " *eLearn Magazine* (http: //elearnmag. acm. org), in review.

第三章

Anderson, Lorin W. and David Krathwohl, eds. 2001. *A Taxonomy for Learning*, *Teaching*, *and Assessing: A Revision of Bloom's Taxonomy of Educational Objectives*, *complete edition*. New York: Longman.

Bloom, Benjamin S. 1956. *Taxonomy of Educational Objectives*, *Handbook I: The Cognitive Domain*. New York: David McKay Co Inc.

Brand, Stewart. 1994. *How Buildings Learn: What Happens After They're Built*. New York: Viking.

Gery, Gloria. 1991. *Electronic Performance Support Systems: How and Why to Remake the Workplace Through the Strategic Application of Technology*. Boston: Weingarten Publications.

Thalheimer, Will. 2006. "New Taxonomy for Learning Objectives," *Will At Work Learning Blog*, June 1. www. willatworklearning. com/2006/06/ new _ taxonomy _ fo. html.

第四章

Feinstein, Justin S. , Melissa C. Duff, and DanielTranel. 2010. "Sustained Experience of Emotion after Loss of Memory in Patients with Amnesia. " *PNAS* 107 (17): 7674—7679.

Heath, Chip and Dan Heath. 2007. *Made to Stick: Why Some Ideas Survive and Others Die*. New York: Random House.

Karpicke, Jeffrey D. , and Janell R. Blunt. 2011. "Retrieval Practice Produces More Learning Than Elaborative Studying with ConceptMapping," *Science*: DOI: 10. 1126/science. 1199327，772－775.

Kensinger，Elizabeth A. 2007. "Negative Emotion Enhances Memory Accuracy: Behavioral and Neuroimaging Evidence." *Current Directions in Psychological Science* 16 (4): 213－218.

Memory. 2011. In Encyclopædia Britannica. Retrieved from www. britannica. com/EBchecked/topic/374487/memory.

Miller，George A. 1956. "The Magical Number Seven，Plus or Minus Two: Some Limits on Our Capacity for Processing Information." *The Psychological Review* 63 (2): 81－97.

Nielsen，Jakob. 2007. "Banner Blindness: Old and New Findings." Alertbox，August 20, www. useit. com/alertbox/banner-blindness. html.

Stetson，C.，M. P. Fiesta，and D. M. Eagleman. 2007. "Does Time Really Slow Down During a Frightening Event?" PLoS ONE 2 (12): e1295.

第五章

Andrade，Jackie. 2009. "What Does Doodling Do?" *Applied Cognitive Psychology* (January 2010). 24 (1): 100－106.

Ariely，Dan，Emir Kamenica，and Dražen Prelec. 2008. "Man's Search for Meaning: The Case of Legos." *Journal of Economic Behavior & Organization* 67: 671－677.

Bean，Cammy. 2011. "Avoiding the Trap of Clicky-Clicky Bling-Bling." *eLearn Magazine*，June. http: //elearnmag. acm. org/featured. cfm? aid＝1999745.

Berns，Gregory S.，Samuel M. Mcclure，and P. Read Montague. 2001. "Predictability Modulates Human Brain Response to Reward." *Journal of Neuroscience* 21 (April).

Cialdini，Robert. 2005. "What's the Best Secret Device for Engaging Student Interest? The Answer Is in the Title." *Journal of Social and Clinical Psychology* 24 (1): 22－29.

Deterding，Sebastian. 2011. "A Quick Buck by Copy and Paste," posted by *Gamification Research Network*. http: //gamification-research. org/2011/09/a-quick-buck-by-copy-and-paste.

Gailliot，M. T.，R. F. Baumeister，C. N. DeWall，J. K. Maner，E. A. Plant，D. M. Tice，L. E. Brewer，and B. J. Schmeichel. 2007. "Self-Control Relies on Glucose as a Limited Energy Source:

Willpower Is More Than a Metaphor. " *Journal of Personality and Social Psychology* 92: 325—336.

Haidt, Jonathan. 2006. *The Happiness Hypothesis: Finding Modern Truth in Ancient Wisdom*. New York: Basic Books.

Jabr, Ferris. 2010. "The Psychology of Competition: Meeting Your Match. " *Scientific American Mind* Nov/Dec: 42—45.

Killeen, Peter R. 2013. "Absent Without Leave: A Neuroenergetic Theory of Mind Wandering. " *Frontiers in Psychology*. 4: 373.

Kohn, Alfie. 1993. *Punished by Rewards: The Trouble with Gold Stars, Incentive Plans, A's, Praise, and Other Bribes*. Boston: Houghton Mifflin.

Loewenstein, G. 1994. "The Psychology of Curiosity: A Review and Reinterpretation. " *Psychological Bulletin* 116 (1): 75—98. Found via Stephen Anderson's excellent article on Johnny Holland.

Mason, Charlotte. 1923. "Three Instruments of Education. " *Charlotte Mason's Original Homeschooling Series* 6: 94. Copyrighted 2002—2003 by Ambleside Online.

Minnesota Driver's Manual. www. dps. state. mn. us/dvs/DLTraining/DLManual/DLManual. htm.

Okita, S. Y. , J. Bailenson, and D. L. Schwartz. 2008. "Mere Belief of Social Action Improves Complex Learning. " *Proceedings of the 8th International Conference for the Learning Sciences*.

Pink, Daniel. 2009. *Drive: The Surprising Truth About What Motivates Us*. New York: Riverhead Books (Penguin).

Schmidt, S. R. 1994. "Effects of Humor on Sentence Memory. " *Journal of Experimental Psychology: Learning, Memory, and Cognition* 20: 953—967.

Shiv, B. and A. Fedorikhin. 1999. "Heart and Mind in Conflict: The Interplay of Affect and Cognition in Consumer Decision Making. " *Journal of Consumer Research* 26 (December): 278—282.

Thalheimer, W. 2004 (November). "Bells, Whistles, Neon, and Purple Prose: When Interesting Words, Sounds, and Visuals Hurt Learning and Performance-A Review of the Seductive-Augmentation Research. " www. work-learning. com/seductive _ augmentations. htm.

Treisman, Philip Uri. 1990. "Academic Perestroika: Teaching, Learning, and the Faculty's Role in Turbulent Times. " From an edited transcript of his lecture of the same name，delivered March 8，1990，at California State University，San Bernardino. www2. ed. gov/about/offices/list/ope/fipse/perestroika. html.

Vohs，Kathleen D. and R. J. Faber. 2007. "Spent Resources：Self-Regulatory Resource Availability Affects Impulse Buying. " *Journal of Consumer Research* （March）.

第六章

Bain，Ken. 2004. *What the Best College Teachers Do*. Cambridge：Harvard University Press.

Barrows，Howard S. 1996. "ProblemBased Learning in Medicine and Beyond.

A Brief Overview. " *New Directions for Teaching and Learning：Bringing Problem-Based Learning to Higher Education：Theory and Practice*，No. 68. Wilkerson，Luann and Wim Gijselaers（Eds）. San Francisco：Jossey-Bass.

Heath，Chip and Dan Heath. 2007. *Made to Stick：Why Some Ideas Survive and Others Die*. New York：Random House.

Kuperberg，Gina R. ，Balaji M. Lakshmanan，David N. Caplan，and Philip J. Holcomb. 2006. "Making Sense of Discourse：An FMRI Study of Causal Inferencing Across Sentences. " *NeuroImage* 33：343－361.

Moore，Cathy. 2011. Checklist for Strong Learning Design. *Cathy Moore：Let's Save the World from Boring Training*. http：//blog. cathy-moore. com/2011/07/checklist-for-strong-elearning.

Muller，D. A. 2008. "Designing Effective Multimedia for Physics Education. " PhD thesis （School of Physics，University of Sydney）.

Rich，Lani Diane and Alastair Stephens. 2011. "Show and Tell. " *StoryWonk Daily*. http：//storywonk. com/storywonk-daily-102-show-and-tell/.

Sweller，John. 1988. "Cognitive Load During Problem Solving：Effects on Learning. " *Cognitive Science* （June）. 12（2）：257－285.

第七章

Allen Interactions. 2010. *Custom e-Learning：Allen Interactions—Law EnforcementResponse to Terrorism*. www. youtube. com/watch? v=Vt8xkOTqwjg.

Csikszentmihalyi，Mihaly. 1990. *Flow：The Psychology of Optimal Experience*. New York：HarperCollins.

Deterding，Sebastian. 2011. Don't Play Games With Me! Presentation on slideshare. net；www. slideshare. net/dings/dont-play-games-with-me-promises-and-pitfalls-of-gameful-design? from＝ss＿embed，slide 63.

Gee，James Paul. 2004. "Learning by Design：Games as Learning Machines." *Gamasutra magazine*. www. gamasutra. com/gdc2004/features/20040324/ gee＿01. shtml.

Haier， R. J. ， B. V. Siegel Jr. ， A. MacLachlan， E. Soderling， S. Lottenberg， and M. S. Buchsbaum. 1992. "Regional Glucose Metabolic Changes after Learning a Complex Visuospatial/Motor Task：A Positron Emission Tomographic Study." *Brain Research* 570：134－14.

Thalheimer，Will. 2006. "Spacing Learning Events Over Time." *Work-Learning Research*，*Inc.* www. work-learning. com/catalog.

第八章

Bandura，Albert. 1977. "Self－efficacy：Toward a Unifying Theory of Behavioral Change." *Psychological Review* 84：191－215.

Dance，Gabriel，Tom Jackson，and Aron Pilhofer. 2009. "Gauging Your Distraction." *New York Times*. www. nytimes. com/interactive/2009/07/19/ technology/20090719-driving-game. html.

Davis， F. D. 1989. "Perceived Usefulness，Perceived Ease of Use，and User Acceptance of Information Technology." *MIS Quarterly* 13 (3)：319－340.

Dweck，Carol S. 2007. "The Perils and Promises of Praise." *Educational Leadership* 65 (2)：34－39.

Fogg，BJ. 2011，2010. Behavior Model (www. behaviormodel. org) and Behavior Grid (www. behaviorgrid. org).

Mueller，Claudia M. and Carol S. Dweck. 1998. "Intelligence Praise Can Undermine Motivation and Performance." *Journal of Personality and Social Psychology* 75：33－52.

PSA Texting and Driving， U. K. 2009. www. youtube. com/watch? v＝8I54mlK0kVw. Described at www. gwent. police. uk/leadnews. php? a＝2172.

Rogers，Everett M. 2003. *Diffusion of Innovations* (5th edition). Glencoe：Free Press.

第九章

Bandura，Albert. 1977. "Self-efficacy：Toward a Unifying Theory of Behavioral Change."

Psychological Review 84：191－215.

Baumeister，Roy and John Tierney. 2012. *Willpower：Rediscovering the Greatest Human Strength*. Penguin Books.

Duhigg，Charles. 2014. The Power of Habit：*Why We Do What We Do in Life and Business*. New York：Random House.

Fogg，BJ. "The Fogg Behavior Model." Retrieved May 05，2015，from www. behaviormodel. org.

Habit.（n. d.）. Dictionary. com Unabridged. Retrieved May 05，2015，from http：//dictionary. reference. com/browse/habit.

Heath，Chip and Dan. 2010. *Switch：How to Change Things When Change Is Hard*. Crown Business.

Kahneman，Daniel. 2011. *Thinking，Fast and Slow*. Farrar，Straus，and Giroux.

PSA Texting and Driving，U. K. 2009. www. youtube. com/watch? v＝8I54mlK0kVw. Described at www. gwent. police. uk/leadnews. php? a＝2172.

Rainforest Alliance，"Follow the Frogs." www. rainforest-alliance. org.

Rubin，Gretchen. 2015. Better than Before：*Mastering the Habits of Our Everyday Lives*. New York：Crown Publishers.

Wade，Francis. 2014. "Perfect Time-Based Productivity：A Unique Way to Protect Your Peace of Mind as Time Demands Increase." Framework Consulting Inc. / 2Time Labs.

第十章

Bingham，Tony and Marcia Conner. 2010. *The New Social Learning：A Guide to Transforming Organizations Through Social Media*. ASTD Press and Berrett-Koehler.

Bozarth，Jane. 2014. *Show Your Work. Pfeiffer*.

Brown，J. S.，A. Collins，and P. Duguid. 1989. "Situated Cognition and the Culture of Learning." *Educational Researcher* 18：32－42.

Cross，Jay. 2006. *Informal Learning：Rediscovering the Natural Pathways That Inspire Innovation and Performance*. Pfeiffer.

Duty Calls，XKCD. Retrieved on August 29，2015，from https：//xkcd. com/386.

"Email Is Where Knowledge Goes to Die" Retrieved on August 30，2015，fromhttp：//ipadcto. com/2011/02/28/email-is-where-knowledge-goes-to-die dated 2/28/11.

Kim，Amy Jo. Gamification Workshop. Retrieved on September 7，2015，fromhttp：//www. slideshare. net/amyjokim/gamification-workshop—2010. Published on Nov 19，2010.

Kim，Amy Jo. 2000. *Community Building on the Web. Berkeley*：Peachpit Press.

第十一章

Ferguson，David. 2009. "Job Aids：Training Wheels and Guard Rails." Dave's *Whiteboard*，March 31，2009. www. daveswhiteboard. com/archives/1939.

Gollwitzer，P. M. 2006. "Successful Goal Pursuit." *Psychological Science Around the World* 1：143—159，Q. Jing，H. Zhang，and K. Zhang，Eds. Philadelphia：Psychology Press.

Gollwitzer，P. M. ，K. Fujita，and G. Oettingen. 2004. "Planning and the Implementation of Goals." *Handbook of Self-Regulation：Research，Theory，and Applications*，R. F. Baumeister and K. D. Vohs，Eds. New York：Guilford Press.

Jeffery，Robert W. and Jennifer Utter. 2003. "The Changing Environment and Population Obesity in the United States." *Obesity Research* 11，DOI：10. 1038/ oby. 2003. 221.

Johnson，H. D. ，D. Sholoscky，K. L. Gabello，R. V. Ragni，and N. M. Ogonosky. 2003. "Gender Differences in Handwashing Behavior Associated with Visual Behavior Prompts." *Perceptual and Motor Skills* 97：805—810.

Norman，Donald. 1990. *The Design of Everyday Things*. New York：Doubleday Business.

第十二章

Brinkerhoff，Robert O. 2003. *The Success Case Method：Find Out Quickly What's Working and What's Not*. Berrett-Koehler.

Danziger，Shai，Jonathan Levav and Liora Avnaim-Pesso. "Extraneous Factors in Judicial Decisions." *PNAS* April 26，2011. 108 (17).

New World Kirkpatrick Model. Retrieved October 13，2015，from www. kirkpatrickpartners. com/OurPhilosophy/TheNewWorldKirkpatrickModel/ tabid/303.

Thalheimer，Will. 2015. "Performance-Focused Smile Sheets：A Radical Rethinking of a Dangerous Art Form." www. SmileSheets. com.

了解学习之旅

本书从认知心理学的角度，带我们深度分析、参透了整个"学习之旅"。

什么是学习之旅？

学习的起点：先验知识。

学习的终点：不仅在于懂得，更在于运用。

从学习之旅的起点到终点，要经历些什么？

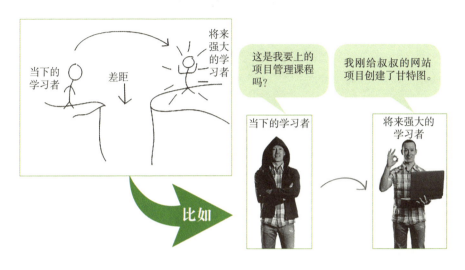

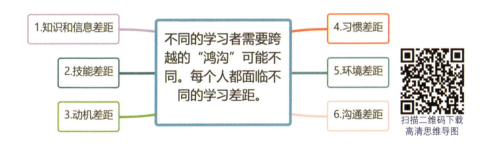

　　每个人的学习起点不同，因此面临的差距不一样，有的缺少知识和信息，有的只懂理论不会操作，有的会做但不愿做或者没形成习惯，有的想做但缺乏环境支持，还有的只是不擅长沟通（沟通问题有时会伪装成学习问题）。

识别差距为何如此重要？

早期的很多毒品、烟酒预防课程都把重点放在了传授知识和信息上，但青少年缺少的真的是这些吗？据调查才知道，大多数青少年只是不擅长应对同伴递来毒品、烟酒等的社交场合。

（图片来源：网络）

探明路况，才能绘制更清晰、准确、高效的路线图。对于学习来说，识别差距，才能更有效地进行学习设计，创造更好的学习体验。

如何识别差距？

首先得了解学习者的现状，也就是学习的起点。

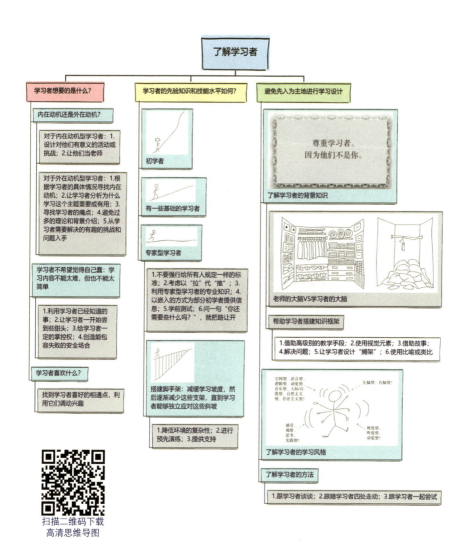

了解学习者

学习者想要的是什么？

内在动机还是外在动机？

对于内在动机型学习者：1.设计对他们有意义的活动或挑战；2.让他们当老师

对于外在动机型学习者：1.根据学习者的具体情况寻找内在动机；2.让学习者分析为什么学习这个主题重要或有用；3.寻找学习者的痛点；4.避免过多的理论和背景介绍；5.从学习者需要解决的有趣的挑战和问题入手

学习者不希望觉得自己蠢：学习内容不能太难，但也不能太简单

1.利用学习者已经知道的事；2.让学习者一开始尝到些甜头；3.给学习者一定的掌控权；4.创造能包容失败的安全场合

学习者喜欢什么？

找到学习者喜好的相通点，利用它们调动兴趣

学习者的先验知识和技能水平如何？

初学者

有一些基础的学习者

专家型学习者

1.不要强行给所有人规定一样的标准；2.考虑以"拉"代"推"；3.利用专家型学习者的专业知识；4.以嵌入的方式为部分初学者提供信息；5.学前测试；6.问一句"你还需要些什么吗？"，就把路让开

搭建脚手架：减缓学习坡度，然后逐渐减少这些支架，直到学习者能够独立应对这些斜坡

1.降低环境的复杂性；2.进行预先演练；3.提供支持

避免先入为主地进行学习设计

尊重学习者。因为他们不是你。

了解学习者的背景知识

老师的大脑VS学习者的大脑

帮助学习者搭建知识框架

1.借助高级别的教学手段；2.使用视觉元素；3.借助故事；4.解决问题；5.让学习者设计"搁架"；6.使用比喻或类比

了解学习者的学习风格

了解学习者的方法

1.跟学习者谈谈；2.跟随学习者四处走动；3.跟学习者一起尝试

扫描二维码下载
高清思维导图

4

其次得清晰定义学习目标，也就是清楚学习的终点在哪里。

（就在那边的某个地方）

不知道终点在哪，就不知道去往何处，更不知道该怎么走。对于学习而言，没有清晰定义学习目标，就无法进行有针对性的学习设计。

5

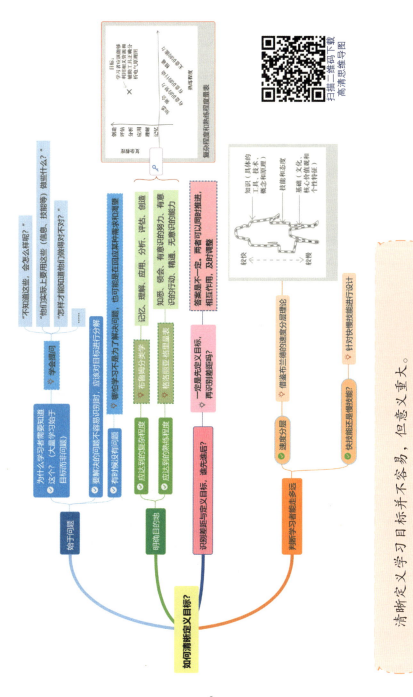

清晰定义学习目标并不容易，但意义重大。

6

Part 2
学习的两大关键：
记忆力和注意力

无论学习知识还是技能，都需要有效记忆。那么，如何才能有效记忆?

编码

检索

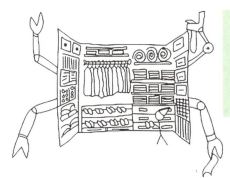

要让大脑像衣柜一样。编码信息就好比分门别类地将衣物整齐地存放到衣柜里，检索信息就好比把需要的衣物从衣柜找出来。它必须是一个超级自动化的衣柜，可以不断地进行自我整理，不断地移动、排列东西。

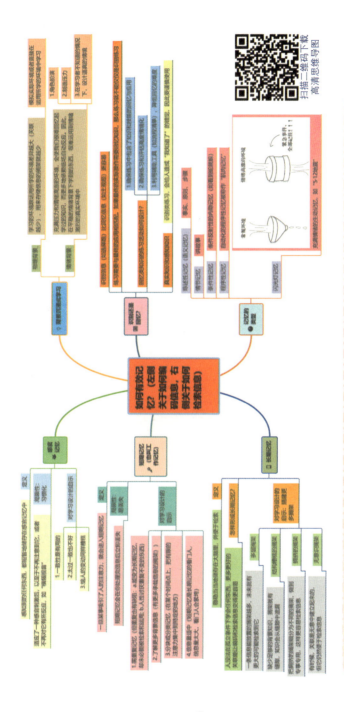

记忆依赖于编码和检索。知道了大脑怎样编码信息和检索信息，才能有效记忆。

8

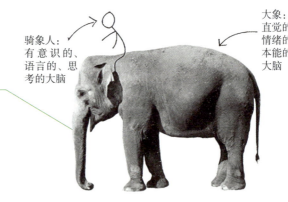

乔纳森·海特提到大脑时，用象与骑象人打比方。骑象人代表有意识的、语言的、思考的大脑，人的意志力和自控力就来源于此。大象代表直觉的、情绪的、本能的大脑，人及时行乐、充满好奇、容易分心、喜欢拖延等本能就来源于此。

骑象人：有意识的、语言的、思考的大脑

大象：直觉的、情绪的、本能的大脑

吸引注意力，就是要调动"大象"。那么，如何调动"大象"呢?

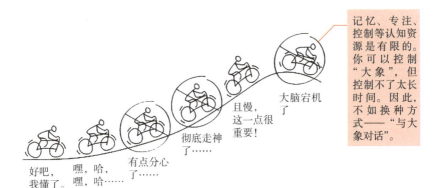

记忆、专注、控制等认知资源是有限的。你可以控制"大象"，但控制不了太长时间。因此，不如换种方式——"与大象对话"。

大脑宕机了

且慢，这一点很重要!

彻底走神了……

有点分心了……

嘿，哈，嘿，哈……

好吧，我懂了。

在大象（本能）和骑象人（意志力）的 battle 中，大象常常获胜。当然，骑象人也不是没有获胜的可能。但需要付出极大的意志层面的努力，骑象人才能把大象硬拽到它不想去的地方。这显然不是长久之计，因为意志力会很快消耗殆尽。

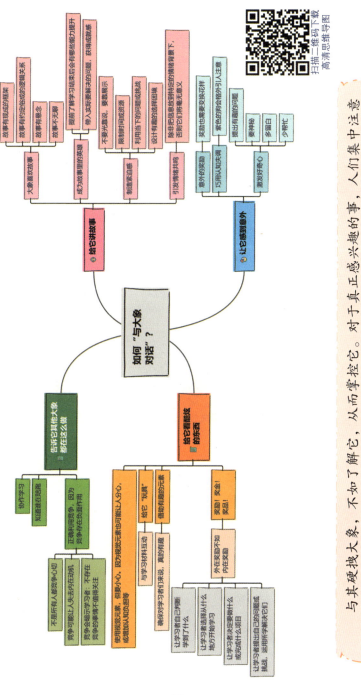

与其硬拽大象，不如了解它，从而掌控它。对于真正感兴趣的事，人们集中注意力的时长是没有限制的。

如何"与大象对话"？

给它讲故事

大象喜欢故事
- 故事有现成的框架
- 故事有比较俗套的逻辑关系
- 故事有悬念
- 故事头无脚

成功故事里的要素
- 不要光灌述，要有展示
- 限制附回或资源
- 利用当下的问题做挑战
- 设计有趣的故事场景

制造亲切感
提炼了解学习结束后会有哪些能力的提升，带入实际要解决的问题，获得成就感

引发强烈好奇
除非把信息点放到特定的情绪背景下，否则它对我们毫无意义

让它感到意外

激发好奇心
- 奖励也需要变换花样
- 紫色的狗会被吸引以注意
- 提出有趣的问题

意外的奖励
- 要神秘
- 多留白
- 少帮忙

15用认知失调

告诉它其他大象都在这么做

协作学习
知道谁在和我组

正确利用竞争，因为竞争存在正负面作用
- 不是所有人都爱竞争心切
- 竞争可能让人失去内在动机
- 竞争会暗示学习者：不存在竞争的学伴得不到关注

给它看酷炫的东西

给它"玩具"，借助有趣的元素
- 使用视觉元素，但要小心。因为视觉元素也可能让人分心，或使用加入XX知识细节
- 与学习材料互动，真的有趣
- 确保对学习者们来说，真的有趣

外在奖励不如内在奖励
- 让学习者自己判断学到了什么
- 让学习者选择从什么地方开始学习
- 让学习者决定要做什么或需要什么项目
- 让学习者提出自己的问题或挑战，运用所学解决它们

奖励！奖品！奖品！

扫描二维码下载
高清思维导图

10

消除各种学习差距

消除知识和信息差距的关键在于什么?

· 学习者能记住吗?

· 学习者能理解吗?

· 老师能为学习者提供多少指导?

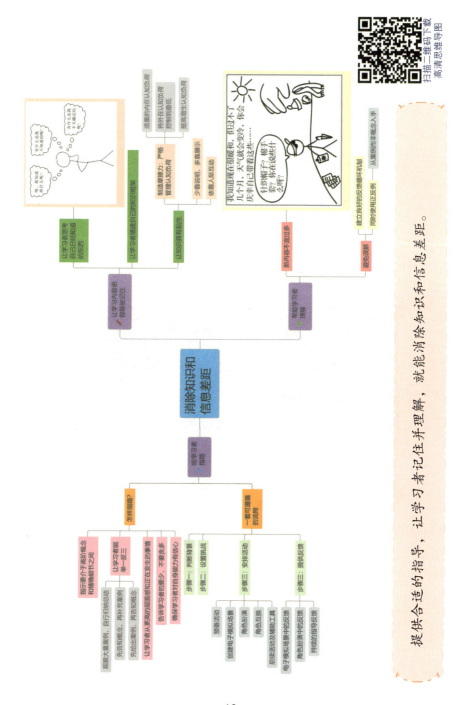

提供合适的指导，让学习者记住理解，就能消除知识和信息差距。

什么是技能？怎样才能消除技能差距？

如果说做某事无须练习就能变得娴熟，那它一定不是技能。对于消除技能差距：

· 练习非常重要。

· 练习要难易交织、结构得当。

· 分散练习效果更好。

· 练习的反馈十分重要，要注意反馈的频率、反馈的方式、反馈的持续性。

· 练习时要把目标拆解成即时目标、短期目标、中期目标、长期目标。

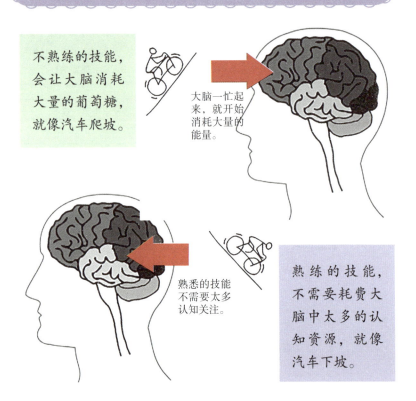

不熟练的技能，会让大脑消耗大量的葡萄糖，就像汽车爬坡。

大脑一忙起来，就开始消耗大量的能量。

熟悉的技能不需要太多认知关注。

熟练的技能，不需要耗费大脑中太多的认知资源，就像汽车下坡。

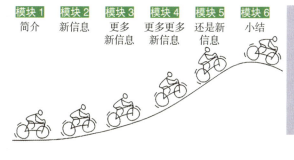

模块 1	模块 2	模块 3	模块 4	模块 5	模块 6
简介	新信息	更多新信息	更多更多新信息	还是新信息	小结

让学习者一直爬坡，会让他们精疲力竭，丧失信心，或者分散注意力。

关卡 1	关卡 2	关卡 3	关卡 4	关卡 5	关卡 6
一些新东西，但相当容易	你知道的内容，再多加一点新内容	你知道的内容，兴许速度稍微快了些	你知道的内容，再多加一点新内容	你知道的内容，只是提高了难度	打终极大妖怪！是提高了难度

交替使用上下坡，会让学习者有成就体验和休整期，始终保持好状态，处于能力水平的最前沿。

为了法语期末考试，进行12小时的密集学习

为了法语期末考试，连续12天每天学习一小时

集中练习的留存度会随着时间递减，适用于临阵磨枪。

分散练习的好处是，练习的间隔时间越长，技能的整体留存度反而越高。

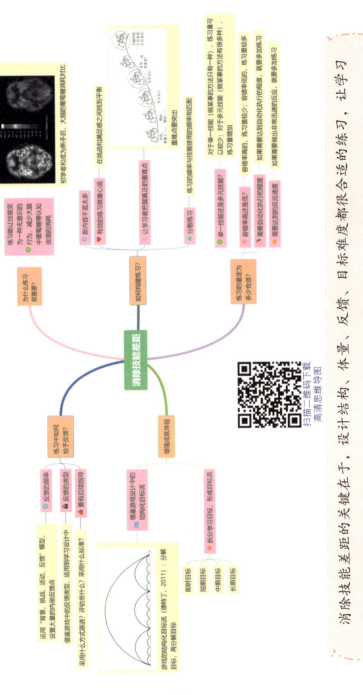

消除技能差距

为什么练习很重要？

练习能让技能变为一种无意识的行为，减少大脑中重复映射认知资源的消耗

初学者和成为熟手后，大脑的葡萄电活消耗对比

如何有效练习？

新内容不宜太多
有效的练习频率的量心流

在练习中将足练乙之间找到平衡

让学习者把握真正的重难点
练习的频率与技能的使用频率相匹配

分散练习
重难点要突出

练习的量要多少合适？

单一技能正多元改善？
对于一事一技能（做某事的方法只有一种）可以较少；对于多元技能（做某事的方法有很多种），练习量增加

容错率高还是低？
容错率高的，答错率低的，练习量较多

需要自动化还是不？
需要达到自动化状态的程度，就使多多加练习

需要迅速的反应速度？
如果需要做出非常迅速的反应，就多多加练习

练习中如何给予反馈？

反馈的频率
反馈的类型
要有后续指导

运用"背诵、默记、活动、反馈"模型，设置大量的内嵌反馈点
借鉴游戏中的反馈类型
采用什么方式跟进？运用跨学习设计中评估出什么？采用什么标准？

增强成就体验

借鉴游戏设计中的结构化目标流

游戏流的结构化目标流（德华J, 2011）：分解目标，再分解目标

拆分学习目标，形成目标流
即期目标
短期目标
中期目标
长期目标

扫描二维码下载
高清思维导图

消除技能差距的关键在于，设计结构、体量、反馈、目标难度都很合适的练习，让学习者能坚持练习，从而掌握技能。

15

怎样消除动机差距?

这里所说的动机差距,是指知道且能做到,但不想做。

	司机 1	司机 2
第一次	顺利	顺利
第二次	出现一场讨厌的轻微交通事故	顺利
第三次	不再发短信	顺利
第四次	不再发短信	顺利
第五次	不再发短信	
第六次	不再发短信	顺利
第七次	不再发短信	顺利
第八次	不再发短信	顺利
第九次	不再发短信	顺利
第十次	不再发短信	出现一场重大交通事故

明知开车时不应发短信,但照做不误的原因是,这件事情的后果是延迟的,而非即时性的。

改变(运用所学)很难。每个人都因为各种原因而不想改变(运用所学)。

我不明白我们为什么必须采用新流程。旧流程明明还能用呢。

修理电路的时候,应该先把电闸拉上。但现在大楼里只有我一个人……省略这一步也没问题的。

网页设计需要更新了,但老板根本不在乎……

这次应该使用特殊情况表单,但常规表单大概也能用……

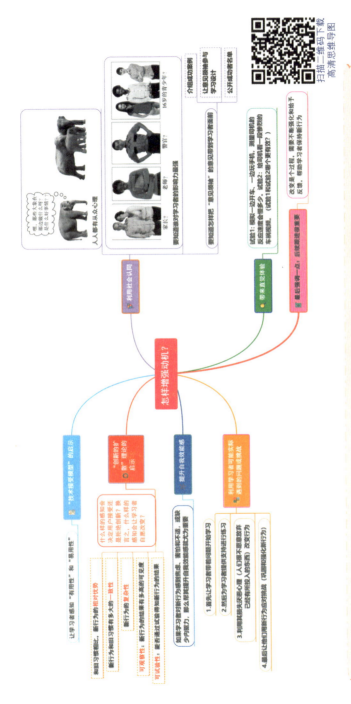

学习者的两种动机需要考虑：学习的动机和运用所学的动机。有关学习的动机说得很多了，如内在动机、外在动机等。本书着重介绍如何增强学习者运用所学的动机。

17

怎样消除习惯差距?

真叫人头疼，对吧？但我明白是怎么回事。要是没等到所有人都到齐就开始，我只会多次重复。

琳达

安梅

我碰到这种事情的时候不多。因为人们很快就会知道，我总是准时开会。

那个项目的开发人员上个月辞职了。我得去问问谁接手了她的所有文件。

琳达

安梅

每个重大阶段结束后，我都会收集项目的完整文件，并将它们存放到服务器上。

　　琳达和安梅的区别并不在于知识和信息上。他们都充分掌握了项目管理的知识，并通过了认证考试。他们之间的区别更多地体现在组织和应对突发事件的习惯上。

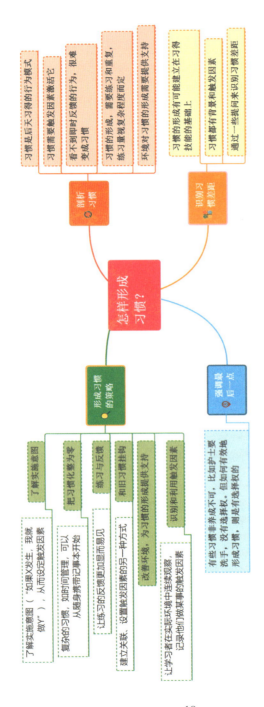

怎样消除环境差距？

来看一个把知识和信息放到环境里，从而消除环境差距的典型例子！

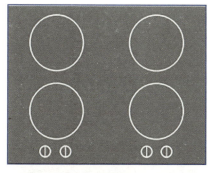

这个炉灶设计，需要记住左侧或右侧的两个按钮分别对应哪个火头。

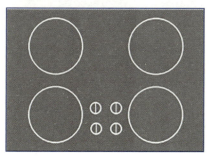

这个炉灶设计一目了然，不需要特意记住哪个按钮对应哪个火头。

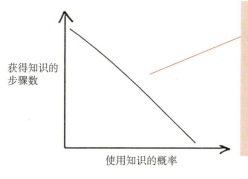

获得知识的步骤数

使用知识的概率

知识的使用频率越高，就越应该把它们放在离任务更近的地方，以便随时使用。

这个标签，可以提示工人在为汽车搭线点火时怎样避免触电。
——把知识放到环境里

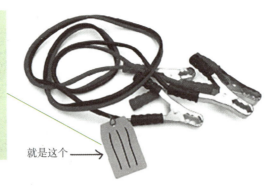

就是这个 ———>

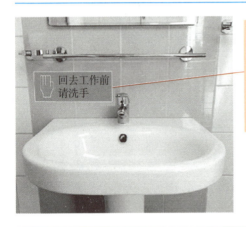

回去工作前请洗手

"如果要回去工作，我就得先洗手。"
——把触发因素放到环境里

员工只需放好杯子，按下小杯、中杯、大杯的按钮即可。如果没有这个自动设备和相应的提示，服务员需要花很长时间练习如何一边招呼顾客，一边防止汽水溢出。
——把行为放到环境里

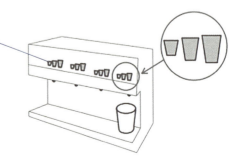

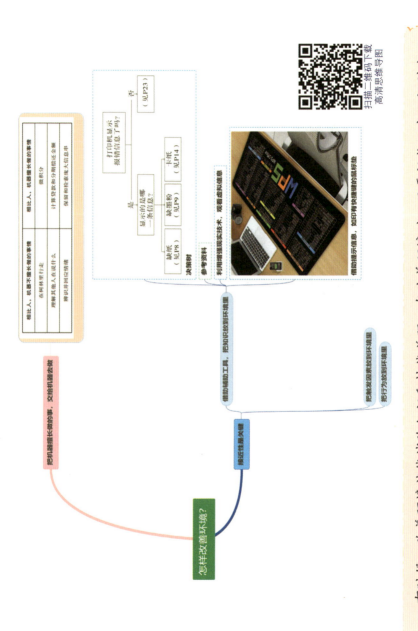

怎样改善环境？

把机器擅长做的事，交给机器去做

接近性是关键

相比人、机器不擅长做的事情	相比人、机器擅长做的事情
在树林里行走	微积分
理解其他人在说什么	计算贷款和分期偿还金额
辨识并回应情绪	保留和表达大信息量

决策树

参考资料

打印机显示报错信息了吗？
是 → 显示的是哪一条信息？
缺纸（见P8）　缺墨粉（见P9）　卡纸（见P14）
否（见P23）

利用增强现实技术，观看虚拟信息

借助提示信息，如印有快速键的临时贴

借助辅助工具，把知识放到环境里

把触发因素放到环境里

把行为放到环境里

有时候，改善环境就能消除知和技差距。在改善环境时，只需记住一点：识别比回忆更重要。改善环境后，学习者就能把有限的精力放在其他重要的事情上。

22

评估学习效果

怎样评估学习设计是否起作用了？

说到评估学习效果，我们大多会想到这样的画面。

我们常用识别题（选择题）或者主观题（问答题）来评估学习效果。

怎样识别并回应霸凌行为

下课后，阿里跑来找你并告诉你，其他学生因为他来自黎巴嫩而取笑他。你会怎么对他说？

你会：
- □ 宽慰阿里，说你会帮忙的。
- □ 弄清楚这种行为发生了多长时间。
- □ 弄清楚这种行为的严重程度。
- □ 说明哪些即刻能让阿里感到安全的办法。

看看专家们会怎么说：

 我会说……

提交　　**继续**

23

除此之外，还有其他方法吗？

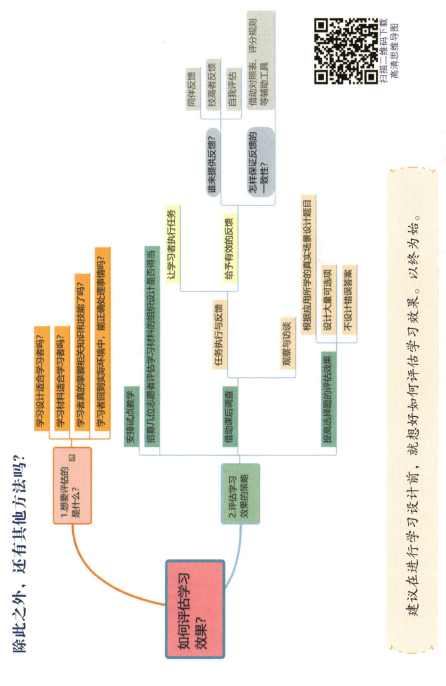

如何评估学习效果？

1. 想要评估的是什么？
- 学习设计适合学习者吗？
- 学习材料适合学习者吗？
- 学习者真的掌握相关知识和技能了吗？
- 学习者回到真实环境中，能正确处理事情吗？

2. 评估学习效果的策略
- 收集证据数字
- 招募几位志愿者评估学习材料的组织设计是否得当
- 借助课后调查
  - 提高选择题的评估效果
- 观察与访谈
- 任务执行与反馈
  - 根据应用所学的真实场景设计题目
    - 设计大量可选项
    - 不设计错误答案
  - 让学习者执行任务
  - 给予有效的反馈
    - 谁来提供反馈？
      - 同伴反馈
      - 技高者反馈
      - 自我评估
    - 怎样保证反馈的一致性？
      - 借助对照表、评分规则等辅助工具

扫描二维码下载
高清思维导图

建议在进行学习设计前，就想好如何评估学习效果。以终为始。

24

认知

人行为背后的思维与智能

赫伯特·西蒙 著

二十世纪最伟大的科学天才之一

迄今唯一同时获图灵奖和诺贝尔经济学奖的大师

人工智能之父讲认知心理学

提升认知水平，才能看得更高更远

本书是著名心理学家和人工智能开创者赫伯特·西蒙关于人类认知的作品。本书介绍了人的认知结构，包括注意力、记忆等方面，然后分析了人们思维过程中问题解决的途径和策略。书中进一步分析了对于复杂问题，专家和普通人不同的心理表征，以及应该如何应对复杂问题。最后，作者介绍了学习的基本原理和过程，并说明如何探索发现新规律。无论是关注人工智能还是关注心理学的读者，本书都是不可多得的经典读物。

说服的艺术

促使人行动的七种心理动力

苏珊·威辛克 著

著名行为心理学家 30 年研究成果

适用于团队、亲子、家庭、社群等各种场景

让人肯听，听了还肯做

塑造美好人际关系和强大个人影响力

我们的生活离不开说服。无论是想让顾客购买，想让供应商给个好价钱，想让员工更主动，还是想让孩子乖乖地学习……我们每天都在自觉或不自觉地说服别人。

本书把行为心理学和说服技巧紧密联系，分析了人们内心七种强大的心理驱动力：掌控欲、归属感、习惯、本能等，并用大量贴近生活的例子展示怎样说服别人并使之行动，帮助人们建立美好人际关系和强大个人影响力。